NOTICE

SUR LES INVENTIONS

DE M. REVILLON.

AF343393

IMPRIMERIE DE MADAME HUZARD (née VALLAT LA CHAPELLE),
RUE DE L'ÉPERON SAINT-ANDRÉ-DES-ARTS , N°. 7.

NOUVEAUX

PRESSOIRS

A VIN ET A CIDRE,

A DOUBLE FOND ET RECOUVREMENT,

Fonctionnant

AU MOYEN D'UN VOLANT-BALANCIER,

INVENTÉS

Par Th. REVILLON,

Horloger-Mécanicien à Mâcon, et de l'Académie de cette ville,
breveté par Ordonnance du Roi, le 26 Août 1824.

A PARIS,

CHEZ Mᵐᵉ HUZARD (NÉE VALLAT LA CHAPELLE), LIBRAIRE,
RUE DE L'ÉPERON SAINT-ANDRÉ-DES-ARTS, N°. 7.

1829.

NOUVEAUX PRESSOIRS

A VIN ET A CIDRE,

A DOUBLE FOND ET RECOUVREMENT,

FONCTIONNANT

AU MOYEN D'UN VOLANT-BALANCIER.

Le volant-balancier à percussion et à force continue s'applique à toutes espèces de presses à vis, crics, cabestans, toutes les fois qu'on a besoin de produire des pressions extraordinaires ou une force vive pour détruire l'adhérence d'un corps à un autre, telle que celle d'un pieu à la terre.

Ce lévier circulaire s'adapte à toutes les vis de pression, leur communique par la percussion une puissance toujours croissante, et capable de produire les plus grands efforts par une manœuvre facile.

Les arts et l'industrie obtiendront de ce moteur élémentaire, dans les nombreuses applications dont il est susceptible, une grande puissance, qui leur rendra les services les plus importans. L'agriculture y trouvera économie de bois, de temps, de bras, de local et de dépense ; il améliorera les produits et, par son moyen, on obtiendra augmentation de quantité en vin et en cidre.

Cet agent mécanique est préférable à la presse hydraulique par la simplicité de son mécanisme, qui le met à l'abri de tout dérangement et de tout accident, et par la grande étendue des applications qu'il peut recevoir ; il n'exige pas de soins particuliers et conserve le degré de pression donné.

La découverte de cette puissance, qui n'a de bornes que la volonté, conduira à des combinaisons nouvelles. Déjà l'agriculture l'a appliquée aux pressoirs à vin, qui par là ont subi d'importans changemens dans leur volume, leur forme, leur pesanteur, leurs prix et leurs fonctions.

De nouveaux appareils ont été faits pour extraire la mélasse du sucre brut, et pour arracher les pieux et les arbres qu'on veut transplanter.

Les horloges publiques ont reçu de M. Révillon un grand degré de perfection par l'application de son lévier excentrique, qu'il a encore appliqué à divers objets d'arts mécaniques.

CHAPITRE PREMIER.

De nombreuses inventions appliquées à l'agriculture ont augmenté ses produits, soit en simplifiant des procédés dispendieux, soit en en créant de nouveaux, auxquels de grandes économies sont attachées; mais la partie qui concerne le pressurage des raisins avait appelé inutilement les secours des arts : on était réduit à faire usage de ces énormes machines connues sous les noms de *pressoirs à bascule, etc.*, qui devenaient d'un prix excessif, soit à cause de la rareté des pièces de grandes dimensions dont ils sont composés, soit à cause des accidens nombreux auxquels ils sont exposés et qui entraînent toujours des réparations coûteuses. Ces défauts, qui sont grands sans doute, disparaissent devant la bourse d'un riche propriétaire qui peut en supporter les conséquences : celui même dont la fortune est bornée les sup-

porte avec résignation, parce que cette machine
lui est absolument nécessaire ; mais ces pressoirs offrent encore d'autres inconvéniens, auxquels on avait cherché vainement à apporter
remède, et qui forcent les propriétaires à supporter des frais d'autant plus dispendieux, qu'ils
se renouvellent annuellement sans qu'on puisse
s'y soustraire. On a toujours senti que le pressurage se faisait trop lentement ; qu'il était in-
complet, et trop coûteux à cause du nombre
d'hommes attachés à la manœuvre de ces machines ; mais tels devaient être les résultats
d'un pressoir où la résistance n'est pas en rapport avec la force, où les pièces qui le composent sont fabriquées avec irrégularité et en
opposition avec les principes de mécanique.
Maintenant qu'on le sait, on est étonné qu'on
n'ait pas eu l'idée : 1°. de présenter à la pression de la vis un marc de moindre surface ; le
pressurage aurait été plus complet ; le vin, par-
tant du centre, aurait eu un espace moins considérable à parcourir pour parvenir aux surfaces latérales, et l'écoulement aurait été beaucoup plus prompt. Cet écoulement rapide est
inappréciable pour les vins rouges, et principalement pour les vins fins : car la vendange
étant en fermentation lorsqu'on la sort de la

cuve, on ne saurait donner assez de célérité au pressurage pour empêcher le vin de s'évaporer. Mon pressoir remédie non seulement à cet inconvénient pour les vins rouges, mais encore la vendange étant à l'abri du contact de l'air, puisqu'elle est hermétiquement fermée dans mon pressoir, il empêche les vins blancs de jaunir ; les vins sont meilleurs, à cause de la suppression de toute évaporation, et en plus grande quantité, à cause de la grandeur des effets de la pression, que l'on peut considérer comme illimitée.

2°. L'irrégularité des vis en bois, qui souvent est cause, dans les anciens pressoirs, qu'elles se brisent en éclats sous les secousses multipliées des vignerons ; l'éloignement des pas de ces vis, qui diminue la force, rendent insuffisans tous les efforts qu'on fait pour obtenir le degré de pression auquel on voudrait arriver.

Ces deux points connus étaient le lien de la principale difficulté qu'il fallait vaincre, ils ont fixé mon attention, et le pressoir que j'ai inventé en est le résultat, et présente l'application des principes dont la violation a toujours été la cause de la non-réussite des pressoirs que l'on a présentés avant le mien.

Le besoin d'un nouveau système de pression

était si bien senti, que la Société d'encouragement pour l'industrie nationale, frappée, ainsi
que toutes les Sociétés d'agriculture de France,
de l'insuffisance des moyens de pressurage, qui
accablait pour ainsi dire les propriétaires de
vignobles, crut devoir attacher un prix à l'invention d'un pressoir qui remplirait les conditions, qui consistent principalement

1°. Dans la promptitude et la facilité dans son
service;

2°. Dans la grandeur de son effet de pression;

3°. Dans l'économie de sa construction et de
son entretien;

4°. Dans la sûreté de son service;

5°. Dans l'économie du pressurage.

J'ai rempli strictement toutes ces conditions,
comme cela a été spécialement déclaré dans le
rapport de M. Molard à ladite Société, qui m'a
décerné, le 21 mai dernier, une médaille en or
du premier ordre. Et d'abord :

I. Promptitude et facilité dans son service.

Cette condition se trouve tellement remplie,
que je n'emploie que le tiers du temps que les vignerons emploient pour presser la même quantité de vendange.

II. Grandeur de son effet de pression.

Cette force est si considérable qu'un marc

de vendange blanche, placé sur un pressoir à
bascule, et regardé comme entièrement desséché, après avoir rendu sept tonneaux et demi
de vin, et avoir été porté sur le nouveau pressoir, a pu donner encore quarante-huit litres de
vin. Enfin, par la combinaison des surfaces et de
la finesse des pas de la vis, la force du nouveau
pressoir est double de celle des anciens. Aussi
un enfant de huit à dix ans a retiré du vin d'un
marc qui avait été retiré d'un ancien pressoir.
(*Extrait du rapport des commissions.*)

III. Économie de construction et d'entretien.

1°. Le nouveau pressoir ne comporte aucune
forte pièce. Les dimensions de la plus grande
ne dépasseront jamais sept pouces d'épaisseur.

2°. Avec le bois d'un ancien, on peut en construire jusqu'à trois du nouveau modèle.

3°. (Rapport et prononcé de la commission.)
« *La commission a reconnu d'abord que les deux
pressoirs, qui n'ont cessé d'être en action le jour
et la nuit, pendant près de deux semaines, n'ont
subi aucune altération par cette manœuvre continue.* » Mais si, par l'abus de la force de pression,
qui est immense, quelque dérangement avait
lieu, tout peut être réparé par un ouvrier quel-
conque.

IV. Sûreté dans son service. (Voir l'article ci-dessus.)

V. Économie du pressurage.

La célérité du nouveau est trois fois plus grande que celle des anciens; la manœuvre beaucoup plus facile; elle économise les hommes et le temps; car, à l'aide du nouveau pressoir, deux hommes et même un, au besoin, peuvent, sans grands efforts, produire toute la pression désirable, lorsque les anciens ne peuvent être desservis par moins de quatre hommes. Enfin un seul pressoir peut faire l'office de trois pressoirs ordinaires; et à raison du peu d'espace qu'il occupe, il offre encore une économie de construction de bâtimens, bien importante dans les exploitations rurales. Puisque je viens de dire qu'un seul pressoir peut faire l'office de trois, un pressoir de 1200 fr. en remplace donc trois de l'ancien modèle, qui coûteraient 3600 fr., et ainsi de suite dans toutes les proportions. On peut donc conclure que les troisième et cinquième conditions sont dotées d'un luxe d'économie bien rare.

Il ne me reste plus à présenter aux lecteurs que la description des moyens de construction de mes pressoirs, et les différens rapports des Sociétés savantes auxquels ils ont donné lieu;

ils y puiseront des détails et des aperçus d'autant plus précieux, que les membres des commissions appelées à constater, par des expériences, les avantages de cette invention, étaient de grands propriétaires de vignobles.

Section Ire. — *Construction des pressoirs.*

I. Espèces de bois à employer.

Les bois les plus propres à la construction des pressoirs sont, le chêne, l'orme, le frêne et le hêtre ou fayard. Chacune de ces espèces présente toute la solidité nécessaire pour les pressoirs à vin et à cidre.

II. Longueur et épaisseur des bois.

On aura soin de se servir de bois coupés depuis plus d'un an au moins, et si on veut faire usage du hêtre ou fayard, de bien faire attention qu'il ait été coupé en temps propice et qu'il n'ait pas été exposé aux intempéries.

§ 1. On établit des pressoirs depuis 7 à 8 pieds jusqu'à 18 à 20 pieds de longueur.

§ 2. Quant à la largeur, elle doit varier dans la proportion de 1 à 3 pieds dans œuvre : il en doit être de même pour la hauteur ; mais il faut remarquer de suite que, comme les pressoirs sont destinés à être construits selon les localités et les espaces que l'on a pour les placer, on pourra leur donner moins de longueur et plus de largeur et de hauteur, en augmentant le diamètre de la vis. (Il est entendu que plus on augmente la surface du marc, moins on a de célérité, et réciproquement : quant à cette surface, on peut l'obtenir en faisant la hauteur et la largeur, dans œuvre, de 20 à 30 pouces, qui est la grandeur ordinaire, ou en les faisant de 20 à 24 pouces, si l'on veut obtenir plus de célérité. On peut obtenir la même surface en variant la hauteur et la largeur.)

§ 3. Toutes les fois qu'un pressoir dépassera 10 à 12 pieds de longueur, il sera convenable d'employer deux vis, une à chaque extrémité.

§ 4. Les côtés du pressoir, selon les longueurs exprimées § 1, ci-dessus, peuvent être faits avec des bois d'une seule pièce, quand on pourra s'en procurer d'assez forts ; mais comme il devient plus difficile de jour en jour de trouver des bois qui aient 30 et 36 pouces d'équarrissage, que les prix en seraient d'ailleurs trop élevés, on peut faire usage de bois depuis 4 à 8 pouces d'équarrissage pour former les côtés, en les plaçant les uns sur les autres pour obtenir la hauteur convenable ; toute la

précaution à prendre pour la solidité nécessaire sera de les bien dresser et de les joindre au
moyen d'un boulon à chaque extrémité (les
boulons nécessaires pour les traverses de dessous et de dessus, ainsi qu'on le verra ci-après ,
devant consolider les intervalles ou milieu).

§ 5. Les côtés du pressoir sont ajustés au
moyen de deux traverses, qui seront d'orme ,
hêtre ou noyer de deux ans de coupe au moins.
Si le pressoir est au dessous de 10 à 12 pieds
de longueur, l'une des traverses sert pour l'é-
crou , alors la traverse propre à l'écrou doit
varier d'épaisseur selon la vis qu'on adoptera ;
si c'est une vis *en bois*, l'écrou, se filetant dans
la traverse, doit présenter une épaisseur de 12 à
15 pouces; l'autre traverse peut alors être res-
treinte à 10 à 12 pouces : si c'est une vis *en
fer*, l'écrou en fer coulé, se noyant dans la traverse, n'aura plus besoin que de la dernière
épaisseur, c'est à dire de 10 à 12 pouces. Enfin,
si le pressoir est au dessus de 12 pieds, les deux
traverses , servant alors d'écrous , seront de
même épaisseur , et ne varieront dans cette
épaisseur que de la différence de la vis en fer
avec celle en bois.

Les traverses sont assemblées avec les côtés,
au moyen de mortaises et d'un embrèvement

pratiqués à l'extrémité de chaque côté, et maintenus de plus au moyen de deux boulons placés transversalement à chaque extrémité.

Il est inutile de dire que si on ne peut trouver des pièces de bois assez larges pour faire chaque traverse d'un seul morceau, on joindra deux morceaux ensemble au moyen de deux boulons à chaque traverse, et on disposera les bois de manière à ce que les morceaux soient d'une égale force en hauteur et largeur, l'écrou devant être fileté également sur l'un et sur l'autre. Alors le tenon du milieu devra être plus fort que si la traverse était d'une seule pièce.

III. Intérieur du pressoir.

1°. Dans chaque pressoir il doit y avoir, pour première pièce, un mouton, qui sera composé d'un morceau de bois d'un pied d'équarrissage de toute face. Ce mouton, devant recevoir l'effort de la vis et pousser le plateau dont on parlera plus bas, sera maintenu dans l'intérieur au moyen de coulisseaux rapportés sur les côtés. Ces coulisseaux seront de la longueur du chemin que la vis aura à parcourir, et il sera garni, à son centre, d'une pièce en *fonte* ou chapeau, selon la figure marquée au dessin, où viendra aboutir le bout de la vis. Si c'est une vis en fer, il conviendra de garnir le fond du chapeau d'une feuille d'acier, afin d'en prévenir la rupture et d'en augmenter la durée.

2°. La deuxième pièce de l'intérieur sera le *plateau*, propre à pousser la vendange. Ce plateau devra être d'une force proportionnée à la grandeur du pressoir et à sa largeur ; il ne devra jamais être de moins de 3 pouces et demi d'épaisseur, et ne pas dépasser 6 pouces : on le composera de bois dur, tel que frêne et autres bois ci-devant énoncés ; l'épaisseur sera divisée en deux parties, en ayant le soin de croiser les bois, et de les ajuster et joindre au moyen d'un grand nombre de chevilles en bois.

Le plateau sera fait de manière à remplir parfaitement l'intérieur ; le côté qui recevra l'impulsion de la vis sera évidé, afin de faciliter le dégagement du marc, qui s'engagerait entre les grillages et le plateau pendant la marche de la pression.

Le plateau sera poussé au moyen de cales en bois, placées graduellement entre le mouton et le plateau. Ces cales seront faites, autânt que possible, avec des bois de même espèce que le pressoir, et le plus secs possible ; leur hauteur sera de 15 à 18 pouces ; elles devront être placées de manière à remplir exactement la hauteur du mouton, et la dépasser de 2 pouces au

moins. Pour éviter la pesanteur de chaque cale
et atteindre la hauteur nécessaire, on ajoutera
à chacune un morceau de bois coupé carré-
ment, en le fixant à chacune des cales par trois
chevilles en bois, qui se noieront de 3 pouces
au moins dans la cale. Quant à la longueur des
cales, elles devront être généralement de 12 à
15 pouces.

Une chose bien essentielle à observer, c'est
de couper les cales bien d'équerre, qu'elles se
joignent parfaitement ; c'est de les placer au
centre du mouton, de manière à correspondre
au centre du plateau : pour cela, on aura soin de
mettre, soit au mouton, soit au plateau, deux
morceaux de bois ou carrelets, qui serviront
d'encadrement et ne permettront pas aux cales
de s'écarter des points centraux correspondans.
Pour que les cales résistent à la pression de la
vis, on aura soin de les placer de manière que
le fil du bois se présente à la direction de la
pression.

Il conviendra d'avoir deux cales plus fortes
de quelques pouces que les autres, celle qui
suit le plateau et celle qui reçoit les efforts du
mouton ; on devra avoir aussi un assortiment
de petites cales, depuis 2 pouces graduellement jusqu'à 12 pouces, afin de remplir les in-

tervalles lorsque la pression sera à sa fin , et que l'on ne voudra pas faire rétrograder la vis en entier.

Enfin, pour pouvoir remuer le plateau à volonté et facilement, on y placera deux chevilles en bois de 6 pouces, du côté de la vis et à l'extrémité supérieure.

IV. Le fond , ou les grillages du dessous et des côtés.

Le fond du pressoir, sur lequel doit reposer la vendange , doit être composé d'un grillage fait avec des planches de chêne ou d'orme ; l'épaisseur des planches sera d'un pouce et demi à 2 pouces ; elles seront desciées en carrelets d'un pouce et demi dans toute leur longueur : ces carrelets ou bandes seront évidés en dessous, et on laissera , en les assemblant pour établir le grillage, un joint entre chaque bande, du côté de l'intérieur, de 3 à 4 lignes.

Pour assujettir ces bandes d'espace en espace de 4 à 6 pouces, on clouera des liteaux de 2 pouces de largeur sur 6 lignes d'épaisseur.

Les bois qui seront préparés pour le premier grillage ou fond devront être très unis, ne présenter aucune saillie à l'intérieur ni à l'extérieur.

2.

Ce premier grillage ou fond reposera sur les traverses dont nous allons parler.

Pour lier les deux côtés du pressoir au dessous, et former la charpente propre à recevoir le grillage du fond, on devra préparer des traverses de bon bois de fil (en chêne particulièrement), ayant 4 pouces d'équarrissage sur toutes faces pour les petits pressoirs, et de 5 à 6 pour les plus grands.

Ces traverses seront au nombre de cinq à six pour les pressoirs de 10 à 12 pieds de longueur, et de dix à douze pour les pressoirs à deux vis.

L'espace à observer, quant au placement des traverses, doit varier.

Pour un pressoir à une vis, les trois premières peuvent être mises à égale distance ; mais les deux ou trois dernières doivent être plus rapprochées, parce que plus la pression va en augmentant, plus le marc est refoulé, plus il faut de force pour le contenir.

Pour un pressoir à deux vis, les traverses seront plus espacées des côtés des vis ; mais en approchant du milieu, on aura le soin de les espacer de manière à pouvoir opposer la résistance nécessaire à la réunion de la force que les deux vis accumulent en refoulant le marc vers le centre.

Les traverses du fond seront placées sur les deux côtés du pressoir, hors œuvre ; elles déborderont en côtés de 4 à 5 pouces, avec entailles d'un pouce à peu près, de manière à encadrer ces mêmes côtés.

Les traverses seront maintenues, assujetties au moyen de boulons en fer, qui traverseront les côtés du pressoir de part en part et seront noyés dans le bois.

Ces boulons seront formés de fer rond de 6 à 8 lignes de diamètre pour les petits pressoirs, et de 8 à 10 lignes pour les autres.

Les boulons devront donc être d'une longueur propre à traverser les côtés et les traverses du dessus et du dessous ; les traverses du dessous, encadrées, ainsi qu'on l'a dit plus haut, seront maintenues par les boulons et fixées par eux au moyen d'écrous avec roudelles.

La partie de chaque traverse du dessous, qui débordera les côtés, à cause de l'encadrement, sera coupée en biseau ou pan coupé, à partir du bout jusqu'au milieu à peu près des côtés, afin que le liquide ne vienne pas déborder le récipient ou double fond, propre à le recevoir.

Les boulons dont nous nous occupons devront, dans la partie du dessus, être renforcés, et présenter un carré, noyé dans le bois de 4 à

6 pouces. Ce renforcement devient nécessaire, parce que, d'un côté, cette partie du boulon doit servir à fixer les traverses du dessus, afin de maintenir le couvercle, et de l'autre être percée d'un trou propre à recevoir une clavette.

Outre le grillage formant le fond du pressoir, il faut en préparer deux autres pour chacun des côtés de son intérieur. Ces grillages doivent être faits avec des lambris de 6 à 8 lignes d'épaisseur, coupés en carrelets d'un pouce à un pouce et demi au plus de largeur.

Tous ces carrelets seront joints, au moyen de petits liteaux, en traverses de 5 à 6 lignes d'épaisseur sur un pouce à 18 lignes de largeur; leur distance de l'un à l'autre sera de 4 à 6 pouces.

Les bois doivent être travaillés avec soin et très unis. Ces grillages seront assemblés au moyen de petites pointes de Paris noyées dans le bois.

Dans les pressoirs à une vis, on fera un petit grillage, dont les traverses seront plus rapprochées. Ce petit grillage sera placé au fond correspondant à la face de la vis.

Ces trois grillages seront placés ainsi dans l'intérieur du pressoir :

1°. Les deux grillages des côtés seront placés

sur champ sur les traverses du fond, et joints, sans intermédiaire que celui nécessité par les traverses du grillage, à chaque côté du pressoir.

2°. Comme ces grillages tendraient à tomber dans l'intérieur, avant que la vendange ou autre objet à presser ne fût là pour les maintenir, le petit grillage de l'extrémité du pressoir à une vis sera fait de manière à se placer entre deux. Si c'est un pressoir à deux vis, les grillages seront faits assez justes pour se tenir seuls dans les encadremens des côtés nécessités par le placement des coulisseaux, sur lesquels repose le mouton dont on a parlé § 6, n°. 1 ci-devant.

Les choses ainsi arrangées, il ne reste plus à s'occuper que de la couverture du pressoir.

Cette couverture doit être faite avec des planches en chêne bien lisses, d'un pouce 4 lignes d'épaisseur, et assemblées au moyen de rainures bien faites.

Elle sera divisée en plusieurs morceaux sur sa longueur, et les joints de ces morceaux seront placés de manière à se trouver sous un milieu des traverses; on liera de plus les morceaux au moyen de bandes transversales.

Cette couverture ou couvercle, qui sera, au moyen d'une rainure, à fleur du bois des côtés, sera assujetti au moyen des boulons dont on a parlé ; à cet effet, les traverses du dessus, ayant été percées, seront encadrées dans les boulons, porteront à plein bois sur les côtés ; la tête de chaque boulon dépassera de toute la longueur du trou propre à recevoir une clavette.

Pour maintenir les traverses du dessus, et par suite empêcher le soulèvement de la couverture ou couvercle, on mettra à chaque trou pratiqué dans la tête de chaque boulon une clavette sur champ, de 3 à 4 lignes d'épaisseur sur un pouce à un pouce et demi de largeur, finissant un peu en pointe, qu'on chasse avec un marteau, afin de joindre plus facilement le couvercle au pressoir : on placera les clavettes de manière à ce qu'elles remplissent bien chacune leur ouverture.

V. Vis-Volant récipient.

Après avoir parlé de la construction et de l'arrangement du pressoir, il faut s'occuper du moteur, c'est à dire de la vis et du volant.

Ou il y aura une seule vis à un pressoir, ou il y en aura deux (selon les longueurs).

Ou la vis et les volans seront en fer et en fonte, ou ils seront en bois.

Enfin, il pourra y avoir une vis en fer et un volant en bois.

Pour les vins et cidres, les vis et volans en bois sont suffisans, donnent une pression assez forte, sont plus expéditifs et moins coûteux (l'expérience et l'usage ont démontré ces vérités).

Comme la grosseur de la vis ne dépend pas de la longueur du pressoir, mais bien des surfaces sur lesquelles elle agit, on dira qu'une surface de 4 pieds carrés exige une vis en fer de 40 lignes de diamètre, et celle de 5 pieds carrés une vis de 45 lignes.

Si la vis est en bois, elle aura, dans le premier cas, 8 pouces de diamètre, et 10 dans le second ; enfin l'expérience a démontré que des vis en fer de 2 à 4 pouces de diamètre, et en bois de 6 à 12 pouces, peuvent satisfaire à tous les besoins de l'agriculture.

On dira plus bas quelle est la longueur du pressoir qui exige l'emploi de deux vis.

La longueur des vis ordinaires, compris la tête qui doit recevoir le volant, sera de 45 pouces en fer, et de 4 pieds en bois : elle doit être telle qu'elle ait à parcourir, dans l'intérieur des pressoirs ordinaires, de 12 à 16 pouces ; dans les autres, on doit la calculer de manière qu'elle puisse soutenir l'effort qu'on veut lui faire produire, sans plier ; ce qui aurait lieu si la longueur était trop considérable, comparée à son diamètre.

Il faut que les vis soient filetées au tour et avec soin, que les pas soient égaux : ils auront, pour la vis en fer, 6 à 8 lignes de distance d'un pas à l'autre, et pour les vis en bois de 14 à 16 lignes.

Les vis en fer se terminent, à la tête, par deux oreilles forgées en même temps que la vis ; ces oreilles doivent être d'environ 1 à 3 pouces de longueur chacune.

Il est moins coûteux de se servir de pièce en fonte avec oreilles, qu'on ajusterait sur la vis en fer, que de forger les oreilles en même temps que la vis : au moyen d'un bon ajustement, on obtient la même solidité.

Les oreilles doivent être sur la circonférence de la vis et diamétralement opposées, être bien burinées ou limées, afin de présenter des deux côtés des surfaces parfaitement unies.

La pièce en fonte avec oreilles est de rigueur pour les vis en bois ; elle a cette différence, qu'elle doit être plus forte, renfermer la tête de la vis, et l'embrasser selon les *figures* jointes à la présente instruction.

Si le volant est en fonte, il n'a besoin que de quatre rayons, qui viennent aboutir au noyau ou centre, dans lequel est ménagée l'ouverture nécessaire à placer la tête de la vis avec oreilles ; en dedans, le volant doit avoir deux mises en prise en forme d'oreilles, coulées en même temps que le volant, ou reportées après la fonte du volant, pour correspondre à celles de la vis et se joindre parfaitement. (Voir la *Fig.*)

Ces mises en prise doivent être burinées ou limées avec autant de soin que les oreilles de la vis ; se joindre sans aucun intermédiaire et à plein de tous côtés, c'est à dire soit du *côté* de la pression, soit du côté rétrograde.

Le volant doit être *mobile* sur la vis, et sans jeu : on reconnaîtra qu'il y a du jeu, et que les oreilles du volant et celles de la vis ne se joignent pas bien, à une espèce de frémissement du volant pendant la manœuvre, ce qui fatigue celui qui lui imprime le mouvement ; le volant ne doit pas reculer : à cet effet, on place derrière, ou sur le bout de la tête de la vis qui dépasse le volant, un écrou, ou une goupille.

La pesanteur et le diamètre des volans en fonte de fer doivent être en proportion des diamètres des vis, et non des longueurs des pressoirs.

La pesanteur de ces volans pour des vis, depuis 2 pouces de diamètre jusqu'à 4, sera depuis 50 jusqu'à 500 kilos, et le diamètre depuis 30 pouces jusqu'à 5 pieds et demi. Mais les volans qu'on emploie ordinairement sont de 4 à 5 pieds de diamètre, et leur pesanteur de 100 à 200 kilos.

Si le volant est en bois, il faudra quatre rayons, fortifiés au centre; le croisillon sera percé au centre, afin d'y placer la mise en prise, qui doit fonctionner avec les oreilles ajustées avec la vis en fer, ou en bois, ainsi et de là même manière que cela est dit ci-dessus.

Les rayons devront avoir 8 à 10 pouces de largeur sur 4 d'épaisseur; le cercle de 6 à 7 pouces de large, sur 4 d'épaisseur; le tout sera joint au moyen de mortaises, ou entailles bien chevillées.

La pression s'opérera, par l'effet de la percussion, à l'aide d'un homme, de deux, et de trois hommes au plus, par un mouvement de va-et-vient, ainsi que cela sera plus au long expliqué quand on s'occupera de la manœuvre.

Le cercle du volant sera garni de chevilles en fer ou en bois, de distance en distance, afin de faciliter la manœuvre du volant.

Les volans en bois auront depuis 3 pieds jusqu'à 8 pieds de diamètre.

Si les pressoirs sont à deux vis, on agira de même pour l'une que pour l'autre.

Les vis en bois seront faites avec les bois d'orme ou de frêne, mais de préférence avec du bois de noyer ou de sorbier, aussi secs que possible.

Aussitôt que la vis sera filetée, on aura soin de la garnir d'un cercle en fer un peu au dessus des filets du côté du talon ou tête, et, à son extrémité, d'une pièce en fonte en forme de chapeau présentant le dessus, pour se joindre à l'autre chapeau qui est incrusté dans le mouton ; le tout est noyé à fleur de bois et bien assujetti au moyen de vis à fortes têtes.

On graissera, après le filetage, la vis avec du suif, ou autre corps ou liquide gras.

Ces précautions de mettre des cercles et de graisser tendent à empêcher la vis de se fendre et à conserver le bois.

Le pressoir sera monté sur quatre pieds en bois, qui lui serviront de supports ; il faut que la hauteur des pieds soit telle que le volant puisse tourner facilement sans toucher à terre : cette précaution prise, chacun le placera à sa convenance. A cet effet, les pieds seront en en bois de 6 à 8 pouces d'équarrissage, jusqu'au point où l'on atteint le pressoir et à moitié bois sur la hauteur des côtés du pressoir : ces pieds seront assujettis, au moyen de deux boulons, sur chaque bout, traversant de part en part la largeur du pressoir.

Enfin, le vin ou liquide sera reçu dans un récipient ou double fond, qui sera placé sous toute la longueur du grillage du fond du pressoir; il aura de largeur tout le pressoir, compris les débords des traverses du fond; on le construira avec des planches de sapin, on lambris en chêne bien assemblés avec rebords tout le tour, de 3 à 4 pouces de hauteur; on le fera aussi léger que possible.

Ce récipient sera supporté par deux coulisses assez fortes, qui tiendront et seront clouées aux pieds du pressoir. On laissera assez de champ pour pouvoir tirer le récipient comme un tiroir, afin de pouvoir le nettoyer, etc. (Les toiles imperméables peuvent le remplacer.)

On donnera de l'élévation du côté opposé au couloir, au moyen de cales, ou en donnant un peu d'inclinaison aux coulisses.

Le couloir sera placé au milieu ou dans un des bouts du récipient à volonté, et on ajustera une petite grille en fer battu, ou en fil de fer à son ouverture.

On a oublié de dire que, pour que les clavettes ne se perdent pas et ne soient pas dessorties avec chaque ouverture, on aura pris la précaution de les attacher à chaque traverse, au moyen d'une ficelle, à un clou : pour cela, on percera un trou au talon de chaque clavette.

Et afin que la clavette sur champ ne s'incruste pas dans le bois et ne fasse pas céder le couvercle, on aura soin de garnir l'ouverture où la traverse se réunit au boulon et reçoit la clavette, d'un morceau de forte tôle, ou fer plat de 2 lignes d'épaisseur, assujetti au moyen de vis en bois, embrassant toute la surface de la traverse en retournant sur les côtés d'un pouce.

SECTION II. — *Manœuvre du pressoir ou manière de s'en servir.*

Après avoir enlevé le couvercle du pressoir et avoir disposé les planches et les traverses dans leur ordre de numéros, on retirera la vis et le mouton jusqu'à fleur de la traverse portant l'écrou ; on joindra le plateau au mouton avec un intermédiaire d'une petite cale de 2 pouces d'épaisseur entre les carrelets d'encadrement de deux pièces.

On jette ensuite dans le pressoir le marc du raisin, s'il a été cuvé, ou le raisin s'il ne l'a pas été, selon le vin qu'on voudra faire.

On joindra le marc ou raisin autant qu'on voudra, au moyen des mains, ou de toute autre manière ; plus on rejoindra, plus on se ménagera d'espace, puisque au fur et mesure le vin s'écoule par les grillages comme s'il passait dans un tamis.

Lorsque l'intérieur sera plein à fleur du bois des grillages, on fermera le pressoir avec le couvercle ; on joindra bien les parties de ce couvercle, puis on placera les traverses à chaque boulon correspondant des deux côtés ; enfin on enfoncera les clavettes.

Le tout ainsi disposé, on fera marcher la vis en faisant tourner le volant avec les mains sans avoir besoin d'efforts ni d'employer la percussion : on a bientôt refoulé le marc ou le raisin de la longueur de la vis, cela s'opère sans peine ; aussitôt on détourne la vis, et on place de suite la première des deux grosses cales, qui doit toujours soutenir et accompagner le plateau.

Cette première cale a bientôt fait son chemin, elle marche encore sans efforts ; il en est de même de la deuxième.

La deuxième cale étant poussée, c'est le cas de profiter du vide qui existe entre le mouton et le plateau, afin d'avoir plus d'aisance pour le placement des cales : alors on ôte la première traverse et la première planche du couvercle.

On place la troisième cale : là, commence la pression; on agit par percussion par le mouvement de va-et-vient.

On continue à mettre des cales, jusqu'au moment où l'on arrive à une résistance plus forte, comme lorsque la vis ne fait plus, à chaque secousse, que deux à trois lignes de chemin.

Lorsqu'on est arrivé à ce point, on aurait tort de vouloir forcer; le marc présente beaucoup de résistance, à cause de son adhérence, et l'écoulement devient presque nul.

Sans perdre de temps, vous faites rétrograder la vis, pour détendre; puis, ôtant les clavettes, les traverses, et ce qui reste du couvercle, vous vous préparez à remuer le marc.

En levant le couvercle, vous remarquez que le marc ou raisin qui est contre le plateau, et à un tiers de la longueur du pain, est déjà fortement resserré; à peine peut-on le faire céder à la pression de la main; plus loin, il est moins serré ; enfin il n'est plus que rejoint, mais non serré.

Il ne faut pas, à cette première vue, être étonné, et croire qu'on n'arrivera pas à une pression complète.

On enlève les cales, moins la première, que l'on rejoint au mouton; on retire le plateau jusque vers cette cale. Un homme muni d'une pioche en forme de grappin entre dans le pressoir, pioche le marc jusqu'au fond, et le rejette derrière lui dans l'espace vide ; une autre personne prend avec les mains les morceaux du pain, les divise et reforme un pain nouveau, comme on avait fait la première fois.

Quand le pressoir n'a qu'une vis, il faut, autant que possible, jeter le marc du fond, qui n'a été que rejoint, lors de la première pression, contre le plateau, afin que lors de la deuxième pression, il y ait égalité de pression de tout le marc ; il faut avoir le soin de piocher jusqu'au fond, afin qu'il ne reste rien d'adhérent aux grillages qui le composent et aux angles de la jonction des grillages ; sans cette précaution, on éprouverait des résistances qui retarderaient.

Cette première opération terminée, on remet la couverture et l'on presse; on agit ensuite comme la première fois.

On sent de suite une grande différence : la pression se fait sans efforts, et le marc se rejoint avec facilité ; vous obtenez un plus grand vide que la première fois ; vous parcourez au moins un tiers de chemin de plus.

Lorsque vous sentez une résistance pareille à celle éprouvée la première fois, vous desserrez et remuez une seconde fois, vous reconnaissez que déjà le marc est aux trois quarts de sa pression : il faut alors le piocher, le diviser avec plus de précaution, parce qu'il est plus solide.

On recouvre et on presse pour la troisième fois : cette troisième pression est suffisante pour le vin rouge, on retire en tout tout ce qu'il peut y avoir. Remuer encore une fois serait brûler le marc, comme disent les vignerons, parce que plus on remue, plus on presse avec facilité ; la fin de la pression est indiquée par l'absence de toute adhérence dans le marc.

Mais quant aux vins blancs, il faut remuer une fois et jusqu'à deux fois de plus ; la raison vient de ce que le raisin n'a pas fermenté ou cuvé, qu'il est plus gras et que la pellicule est plus dure.

Il faut aux personnes exercées (ce qui arrive après une campagne) quatre ou cinq heures pour presser le marc contenu au pressoir pour le vin rouge, et six à sept pour le blanc ; il est inutile de laisser plus de deux minutes, pour l'écoulement, à la serrée de chaque cale ; il ne faut pas plus de douze à quinze minutes pour chaque remuage.

Quand les pressoirs sont à deux vis, dès qu'on a poussé une cale d'un côté, on va en pousser une de l'autre, si l'on ne veut employer que le même nombre d'hommes, deux à trois au plus ; la pression va très vite, il faut un tiers de temps de moins. Ainsi, on peut presser le marc de deux à trois cuves dans la journée, sans avoir besoin de passer la nuit.

La pression irait encore plus vite, si l'on faisait fonctionner les deux vis en même temps. Dans un cas pressant, on pourrait faire usage de ce moyen, qui exigerait deux ou trois hommes de plus, qu'on appliquerait à la manœuvre de la seconde vis.

Le vin est bon jusqu'à la fin, il n'a ni goût de grappe, ni de pepin, ni âcreté ; le vin blanc est plus blanc ; il est doux jusqu'à la dernière goutte ; la quantité est plus considérable au moins d'un vingtième : on gagne, par ce moyen, le *soutirage de mars* ou premier soutirage.

Il convient qu'il reste toujours un homme

sur le pressoir du côté du plateau pour ajuster les cales et faire arrêter celui ou ceux qui tourneront le volant, soit lorsqu'on est au bout de la vis lors de la pression, soit lorsque la vis vient à fleur de l'écrou lorsqu'on rétrograde; le temps de cet homme n'est point perdu pour la pression, parce qu'il aide, en montant sur le pressoir, à faire marcher le volant.

Le marc est séché d'autant plus facilement, que le marc est toujours en mouvement; que le pressoir n'est qu'un grillage donnant ouverture au liquide de toutes parts; que la pression arrive coup sur coup, continuellement et sans être obligé d'agir sur de grandes surfaces.

Ainsi la différence avec les anciens pressoirs est immense : le pain est ordinairement de cinq à six pieds sur toutes faces sur la couche, sur un pied à un pied et demi de hauteur; il est recouvert de plateaux sur lesquels doit agir l'arbre du dessus : le liquide ainsi resserré entre deux plateaux, n'ayant plus de jour que les côtés, qui diminuent graduellement de hauteur, a tout le chemin du centre aux côtés pour arriver sans déplacement du marc. De là, efforts inouis, lenteur, obligation de couper, et recouper sans cesse le pain, évaporation et appauvrissement de la qualité du vin.

Section III. *Dimension des pressoirs quant aux quantités à presser.*

Un pressoir à une seule vis, ayant 12 pieds de longueur hors d'œuvre, n'aura que 7 pieds de longueur dans œuvre, à cause de l'espace qu'occupent les traverses, le montant et le plateau. Si ce pressoir a, dans œuvre, 2 pieds de hauteur et autant de largeur, ce qui donne 4 pieds carrés de surface, il contiendra un marc de 28 pieds cubes, qui produiront environ de quatorze tonneaux de 214 litres chacun.

Mais si l'on donne à ce pressoir 2 pieds et demi de largeur et 2 pieds de hauteur, la longueur dans œuvre étant toujours la même, le marc aura alors 5 pieds carrés de surface, et 35 pieds cubes, qui pourront rendre dix-sept tonneaux et demi de vin, et ainsi de suite. On peut donc facilement trouver les dimensions à donner à un pressoir à une seule vis, pour telle quantité de vin qu'on voudra; ayant toujours égard, quant aux surfaces, aux diamètres des vis.

Les pressoirs à deux vis, quelle que soit leur longueur hors d'œuvre, perdent toujours 8 pieds dans œuvre.

Un pressoir à deux vis, de 16 pieds de longueur hors d'œuvre, aura 8 pieds dans œuvre. Si la hauteur dans œuvre est de 2 pieds, et la largeur aussi de 2 pieds, le marc aura 52 pieds cubes, qui produiront 16 tonneaux de vin de 214 litres chacun, etc.

Un pressoir à deux vis, qui aurait 22 pieds de longueur hors d'œuvre, aurait 14 pieds de longueur dans œuvre. Si la surface du marc ou celle du plateau, qui est toujours la même, est de 4 pieds carrés, c'est à dire si la hauteur dans œuvre est de 2 pieds et la largeur aussi de 2 pieds, le marc contenu dans le pressoir égalera 56 pieds cubes, qui produiront 28 tonneaux de vin de 214 litres chacun.

On voit, par cet exemple, que la célérité doit être considérablement augmentée, puisque les surfaces de pression sont diminuées et celles d'écoulement augmentées.

Ainsi on pourra donc graduer les grandeurs des pressoirs suivant la grandeur des cuves qu'on aura, *et vice versâ*.

Comme il faut environ 2 pieds cubes d'espace pour contenir le marc d'une pièce de vin, on se guidera là-dessus.

Vin blanc. Le raisin blanc n'étant pas cuvé,

et étant jeté dans le pressoir en arrivant de la vigne, il faut beaucoup plus d'espace ; aussi un pressoir qui, en rouge, contiendra le marc d'une cuve tirant douze pièces, ne pourra contenir et ne contiendra que le raisin nécessaire à fabriquer sept à huit pièces de vin.

On pourrait entrer dans beaucoup d'autres détails que nous passons sous silence, parce que la pratique les rendra sensibles, et qu'il est impossible de tout prévoir.

SECTION IV. *Rapports et observations faits à raison des nouveaux pressoirs.*

I. Rapport fait, après expérience, par un commissaire nommé dans le sein de la Société d'Agriculture, des Sciences et Belles-Lettres de Mâcon, en 1825.

Le Rapporteur, après avoir donné le détail d'un pressoir d'expérience, continue en ces termes :

« Ayant donné cette description du pressoir de M. Revillon, M. de Latombe, ingénieur en chef du département de Saône-et-Loire, l'examine sous ses trois rapports mécanique, physique et chimique, et s'arrête au premier. Il trouve dans le nouveau pressoir une puissance beaucoup plus énergique qu'aux anciens, deux hommes pouvant mettre en éclats les pièces du bois le plus dur ; il lui présente aussi plus de facilité et moins de dangers dans la mise en action ; il fait cette remarque fort essentielle, qu'outre leur accroissement intrinsèque, les forces s'exerçant sur des surfaces beaucoup moindres, leur intensité augmente en raison inverse de ces mêmes surfaces.

» Sous le rapport physique, M. de Latombe considère comme une amélioration l'emploi, pour les écrous, de la fonte de fer, que l'inventeur a substituée au cuivre jaune : il en résulte un frottement moins considérable, à raison de ce qu'il n'y a pas autant d'adhérence entre la fonte et le fer, qu'entre ce dernier et le cuivre, métal qui, n'étant pas d'une dureté égale à celle du fer, en reçoit plus aisément toutes les impressions.

» S'il considère l'action physique sur le raisin, il le voit renfermé de toutes parts, pressé par le côté qui offre le moins de surface ; son centre, ses bords, ainsi que les parties les plus éloignées, également foulés, et le liquide, s'échappant par le fond, comme par les côtés, se dégager avec plus de promptitude et d'abondance.

» Les considérations chimiques, qui forment le troisième point de vue de l'examen, se rapportent à la qualité que peut acquérir le vin par un travail plus rapide, par la suppression du contact de l'air pendant le pressurage, et en s'exemptant de couper le marc pour en tirer tous les sucs. Un procès-verbal des essais tentés, à Solutré, sur le nouveau pressoir, en présence de plusieurs propriétaires recommandables et d'un grand nombre de vignerons, lui accorde sous ce rapport des avantages réels.

» Il est un quatrième aspect, non moins important, sous lequel M. le Rapporteur considère cette invention, et qu'il trouve tout à fait en sa faveur, c'est celui de la dépense. Les bois dont ce pressoir est formé, d'une bien plus faible dimension et en moindre quantité que ceux des autres pressoirs, sont plus faciles à trouver et d'un prix moins élevé. La manipulation exige moins de bras et moins de temps ; pouvant être portatif et occupant moins d'espace, il offrirait de l'économie pour les bâtimens ruraux.

» Dans la conclusion que donne M. le Rapporteur, il fait envisager cet instrument comme étant d'une utilité générale, mais intéressant particulièrement les Mâconnais. Réfléchissant au perfectionnement ingénieux du moteur, il ne borne point au pressurage du vin l'usage auquel il peut être employé ; il l'étend

encore au pressurage des diverses matières vé-
gétales et à d'autres effets mécaniques. A-t-on
besoin d'élans capables de vaincre l'adhésion des
corps avant de produire le mouvement ? La vis
à lévier mobile vient remplir cet office ; sous
la dénomination de *verrin à percussion*, il l'emploie à faire un excellent arrache-pieu ; dési-
gnant le lévier lui-même par le nom de *lévier à
percussion*, et le garnissant d'encliquetages, il
l'adapte au cric, au tour, au cabestan, sous la
condition que la puissance sera appliquée à l'extrémité du lévier, au lieu d'être rapprochée du
centre. Une autre application de cette découverte, qui doit, au sentiment de M. le Rapporteur, être saisie avec empressement, serait de
la faire servir à la manœuvre des robinets de
réservoirs des canaux, pour ajouter au lévier
une force plus grande.

» On peut prévoir, par cet exposé, le succès
que doit obtenir l'invention de M. Revillon.
Les arts ne tarderont probablement pas à y
recourir, pour en tirer tous les secours qu'elle
leur promet. »

En 1826, de nouvelles expériences ayant été
faites, le compte rendu s'exprime ainsi :

« La Société d'agriculture, sciences et belles-

lettres de Mâcon avait accueilli avec empressement, dès qu'il lui fut présenté, le pressoir à
vis horizontale de l'invention de M. Revillon,
mécanicien de cette ville, et membre de la Société. Cette compagnie avait considéré de prime
abord cet instrument, dont elle a donné la description en 1825, comme devant rendre de
grands services aux vignobles; mais désirant
pousser jusqu'au bout l'expérience, elle a formé
une nouvelle commission, en lui confiant la tâ-
che d'examiner sous toutes leurs faces les effets nouveaux du pressoir, et les avantages qu'il
présente, comparativement au pressoir à bascule, usité dans le Mâconnais. »

Les expériences de la commission ont eu lieu,
dans l'automne de 1826, sur deux de ces ins-
trumens, l'un à vis de fer et volant de fonte,
l'autre à vis et volant de bois. Les faits suivans
sont constatés dans son rapport.

« Elle a reconnu d'abord que ces pressoirs,
qui n'ont cessé d'être en action le jour et la nuit
pendant près de deux semaines, n'ont subi aucune altération par cette manœuvre continue;
que la vis de fer opère une pression plus forte
et presque indéfinie, puisque, après avoir suffi-
samment desséché le marc, un enfant de huit à

dix ans a pu encore la pousser plus avant ; mais que la vis de bois, ayant une action assez puissante, présente une grande écouomie et convient essentiellement aux exploitations. On peut, sans nul inconvénient, dans le premier cas, remplacer le volant de fonte adapté à la vis de fer par un volant de bois, en donnant à celui-ci les dimensions convenables ; ce qui diminuera le prix.

» On ne doit pas passer sous silence, pour démontrer la force du nouvel instrument, qu'un marc de vendange blanche, placé sur un pressoir à bascule et regardé comme entièrement desséché après avoir rendu sept tonneaux et demi de vin, a été porté sur le nouveau pressoir, et qu'il a pu encore donner six mesures de 8 pintes chacune. Il est encore à remarquer que chaque fois que l'on veut recommencer la pression, au lieu de trancher avec une longue hache les bords du marc, ainsi que cela se pratique ordinairement, pour les reporter au centre, opération qui se répète au moins huit à neuf fois pour la vendange blanche, et cinq à six fois pour la vendange rouge, on se contente de la remuer trois fois seulement avec un grappin. Alors le vin, jusqu'à la dernière goutte, ne contracte point cette âcreté que causaient précédemment le pepin et la grappe du raisin, tranchés par la hache. Il est très limpide et d'une qualité supérieure , avantages qui résultent évidemment d'une pression plus rapide dans une caisse exactement fermée. La commission établit, ainsi qu'il suit, le parallèle entre l'ancien et le nouveau pressoir.

»Elle est frappée, à la vue du premier, de son étendue, de sa hauteur et de l'énorme dimension des pièces de bois qui le composent. L'autre, au contraire, ne comporte aucune forte pièce ; il occupe peu d'espace ; s'il présente une longueur de 20 à 22 pieds (65 à 71 décimètres) dans ceux de la plus grande dimension, sa largeur en revanche est peu considérable , et 8 pieds (26 décimètres) d'élévation suffisent pour son service. Avec celui-ci, deux hommes, et même un seul au besoin, peuvent, sans grands efforts, opérer toute la pression désirable ; l'autre ne peut être desservi par moins de quatre hommes , qui donnent péniblement de violentes secousses. L'action de ce dernier est presque continuellement à faux , et, par suite du peu de perfection du pas de vis , il arrive trop fréquemment que le défaut de précaution ou l'avidité des vignerons, qui outre-passent le point de pression , occasionent la perte de quelques unes des pièces, toujours très coûteuses. Dans le nouvel instrument, la pression, s'opérant d'une manière toujours directe et agissant sur de petites surfaces, peut être prolongée presque indéfiniment sans qu'on ait à redouter des accidens. Vingt-quatre heures suffisent à peine sur le pressoir à bascule pour dessécher un marc de raisin blanc, qui, à l'aide du nouveau, est parvenu en huit heures au plus haut degré de pressurage. Enfin il présente au propriétaire une grande économie, puisqu'en lui donnant les dimensions nécessaires il ferait rigoureusement l'office de trois pressoirs ordinaires. »

Enfin le compte rendu en 1827 achève la démonstration de la bonté et de l'utilité des pressoirs nouveaux, en ces termes :

« En résumant d'une manière sommaire les remarques que je vous ai soumises, je rappellerai que tous les effets observés en 1826 *ont été plus frappans encore dans cette dernière expérience, par suite des perfectionnemens ajoutés au pressoir, et d'un peu plus d'exercice de la part des vignerons, qui ont su mettre le temps mieux à profit.* Ainsi, sept heures au plus ont suffi pour sécher entièrement un marc de sept tonneaux de vin blanc; on sait qu'en usant du pressoir à bascule, il faut au moins trois fois autant de temps pour amener la pression au point où l'on doit s'arrêter. Un exercice continuel, le jour et la nuit, pendant plus de deux semaines, a permis de juger avec certitude de sa solidité. J'ai pu remarquer que les efforts de pression, peu sensibles sur les parois de la caisse jusqu'à 18 pouces (49 centimètres) à peu près du fond, s'exercent très fortement sur cette dernière partie, qu'il convient surtout de renforcer. Les premiers pressurages m'ont démontré qu'il était indispensable d'adopter près du fond une nouvelle traverse de bois, maintenue par deux étriers de fer. J'ai fait ajouter outre cela deux boulons de fer avec une autre traverse entre les deux dernières, pour fortifier et soulager celle-ci. Au moyen de cette précaution, rien n'a été endommagé; et le travail n'a nullement été retardé pendant le laps de temps où le pressoir a été en action. J'ai cru devoir insister encore sur cette opinion, que la vis de bois peut très bien remplir l'office qu'on en attend, surtout d'après le soin que l'inventeur a mis dans la confection des pas et dans le choix du bois; ce qui lui a été facile, à raison du peu d'étendue de cette pièce; mais cependant, en mettant à part les considérations d'économie, la vis en fer est préférable pour obtenir un mouvement plus doux, plus uni, qui coûte moins d'efforts, et si l'on veut pousser la pression à un plus haut degré. Il n'en est pas de même du volant en fonte, qui peut être suppléé, sans aucun inconvénient, par un volant de bois.

« Je n'ai pu vous parler aussi positivement des grands pressoirs destinés pour le vin rouge, et propres à contenir depuis seize jusqu'à trente tonneaux de vin. N'ayant pas été à portée de les voir agir, il a fallu m'en tenir aux rapports favorables qui m'ont été faits par plusieurs propriétaires recommandables qui en ont fait usage. Pour ceux-ci, l'inventeur a jugé indispensable d'adapter une vis à chaque extrémité; on ne doit guère douter qu'ils ne présentent à peu près les mêmes avantages que celui que j'ai sous les yeux; néanmoins, d'après ce que j'ai observé sur ce dernier, j'ai cru qu'il n'était pas inutile de rappeler à ceux qui emploieront ces grands pressoirs, qu'on ne saurait trop consolider le centre, où s'opère le plus grand effort de pression, et qu'il est convenable de rapprocher, dans cette partie, les boulons et les traverses supérieures et inférieures, et même de leur donner une plus forte dimension.

» Il eût été superflu de s'appesantir davantage sur des détails qui ont été présentés dans le précédent rapport ; mais on peut ajouter que les vignerons ont eu peu de peine à se façonner à la manœuvre de la nouvelle machine, et qu'ils ont d'abord reconnu des qualités *qu'on ne saurait plus lui contester*, principalement d'augmenter le produit par une pression plus complète, tout en conservant au vin de la limpidité et de la douceur jusqu'à la dernière goutte. Ils y trouvent encore une économie de bras bien précieuse pour eux au moment où une récolte abondante les rend très rares et élève beaucoup le prix des journées : aussi ont-ils montré pour cet instrument une prédilection qui ne peut que s'accroître par un plus long usage.

» Lorsqu'on arrive à la conclusion qui ressort de ces expériences, on voit que, parmi les pressoirs de différentes formes imaginés jusqu'ici, aucun ne réunit au même degré que celui de M. Revillon toutes les *conditions que l'on doit rechercher. Il est donc à souhaiter que cette invention reçoive une grande publicité, afin que les avantages qu'elle procure ne se bornent pas au pays qui l'a vue naître, mais s'étendent encore à tous les vignobles de la France.* »

M. Revillon ayant obtenu l'agrément de la Société d'encouragement pour lui communiquer son mode de pression, et ayant fait cette communication, il en a résulté les rapports et mentions suivans :

1°. Un rapport de M. Molard aîné, membre de l'Institut, au nom du Comité des arts mécaniques, conçu en ces termes :

« Le Conseil d'administration de la Société d'encouragement a renvoyé à l'examen de son Comité des arts mécaniques une Notice de M. Revillon, concernant son nouveau pressoir, pour lequel il a obtenu la médaille d'argent à l'exposition des produits de l'industrie.

» M. Revillon expose d'abord que, jusqu'à ce jour, on a extrait le jus du raisin avec lenteur, beaucoup de fatigue et très incomplétement ; que cette extraction du jus se fait à l'aide d'énormes pressoirs à lévier et à bascule, imparfaits, fort coûteux, sujets à des réparations continuelles, dont la manœuvre exige la force de six à huit hommes, et dont l'emploi présente de graves inconvéniens.

» On sait que l'économie industrielle, rurale et domestique est en possession de diverses presses, établies, pour la plupart, dans le but

que s'est proposé M. Revillon, telles que les
léviers de toute espèce, la vis, le cric, le coin,
l'eau refoulée. Tous ces moyens ont été mis en
jeu plus ou moins avantageusement.

» Sans discuter en détail les avantages et les
inconvéniens attachés à chacune de ces presses,
votre Comité des arts mécaniques a cru devoir
se borner à examiner si le pressoir à vis qui fait
l'objet de ce rapport satisfait pleinement aux
conditions que requiert une bonne machine à
pressurer la vendange, conditions que vous avez
établies dans le *Bulletin* de septembre 1815, et
qui consistent principalement :

» 1°. Dans la promptitude et la facilité de
son service ;

» 2°. Dans la grandeur de son effet de pression;

» 3°. Dans l'économie de sa construction;

» 4°. Dans la sûreté de son service ;

» 5°. Dans l'économie du pressurage.

» Pour pouvoir faire apprécier exactement
jusqu'à quel point le pressoir de M. Revillon
remplit les conditions énoncées ci-dessus, votre
Comité a jugé qu'il était indispensable d'indiquer d'abord sa composition et ensuite de faire
connaître les principaux effets qu'on en a obtenus pendant deux années d'expérience.

» Le pressoir dont il s'agit, représenté en

plan, coupe et élévation consiste principalement dans un fort bâtis en bois de charpente BB, FG, plus long que large, renfermant un coffre à double fond et portant un couvercle amovible M, et, si le pressoir est à deux vis, fermé aux deux bouts par deux plateaux EE, qu'on rapproche ou qu'on éloigne l'un de l'autre au moyen de deux fortes vis de pression et rappel Q, traversant, chacune, un écrou fort épais A, fixé solidement à chaque tête du pressoir.

» Toute l'étendue des parois intérieures du coffre est revêtue de liteaux KLL, croisés et espacés seulement de la quantité nécessaire pour permettre au liquide, que la pression exercée par la vis fait jaillir du marc du raisin déposé entre les deux plateaux, de passer et de couler librement dans le réservoir inférieur N, destiné à le recevoir.

» C'est, en grande partie, à la disposition de ces liteaux croisés, qui tiennent lieu de trous pratiqués dans l'épaisseur des parois du coffre des anciens pressoirs à vis, que M. Revillon doit le succès qu'il obtient dans le pressurage de la vendange; car les trous avaient le double inconvénient d'affaiblir la force des parois du coffre et de se boucher, au point de ne plus permettre la libre sortie du fluide, condition indispensable cependant, et sans laquelle l'action du pressoir à coffre fermé devient nulle.

» Les dispositions faites dans l'intérieur du coffre du pressoir, ainsi que nous venons de l'indiquer, étaient nécessaires, sans doute, pour le succès du pressurage de la vendange; mais elles ne constituent pas le principe d'action du nouveau pressoir. En effet, la base principale de cette machine consiste spécialement dans un *volant-balancier à percussion* R, espèce de lévier de forme circulaire monté librement et à vis sur la tête de la vis du pressoir, et au moyen duquel un seul homme la fait tourner dans son écrou, d'abord sans discontinuer, jusqu'à ce que la résistance qu'offre la matière à pressurer l'oblige à faire usage de la force vive du volant-balancier; ce qui s'opère de la manière suivante:

» L'ouvrier, les mains appliquées à une manivelle, ou à des chevilles SS, implantées dans le volant à une distance convenable du centre, lui fait faire un ou plusieurs tours en sens contraire, comme pour dépresser et sans que la vis du pressoir y participe, et le ramène vivement contre les mentonnets d'arrêt 6, fig. 5, fixés sur la tête de la vis. En répétant cette manœuvre, il oblige la vis à tourner par reprise

dans son écrou, et obtient, par ce moyen, suivant l'énergie de son effort et la vitesse qu'il
imprime au volant, une pression sur le plateau
et le marc du raisin, dont la puissance n'a pour
limites que la force de la vis et de l'écrou.

» Il résulte des expériences comparatives qui
ont été faites par les soins de la Société d'agriculture, sciences et belles-lettres de Mâcon, pendant
deux années consécutives, que le nouveau pressoir à vis de M. Revillon a une puissance beaucoup plus énergique que tous ceux employés
jusqu'à ce jour; qu'il présente plus de facilité;
que sa mise en action est sans aucun danger, et
qu'outre leur accroissement intrinsèque, les
forces s'exerçant sur des surfaces beaucoup
moindres, leur intensité augmente en raison
inverse de ces mêmes surfaces. L'inventeur
donne 6 pieds de surface aux pressoirs employés
pour la fabrication du vin rouge.

» D'un autre côté, la vendange étant renfermée de toutes parts et pressée par le côté
qui offre le moins de surface, son centre, ses
bords, ainsi que les parties les plus éloignées,
sont également foulés; et le liquide, s'échappant
par le fond comme par les côtés, se dégage avec
plus de promptitude et d'abondance : d'où il
résulte qu'au moyen du pressoir de M. Revil-

lon, on peut tirer de la même quantité de marc
au moins cinq pour cent de plus de vin que par
les pressoirs à bascules ordinaires ; et que le vin
obtenu par ce nouveau procédé n'a pas le goût
de pepins et de raíle, comme celui qui sort des
anciens pressoirs, parce que, d'une part, la
vendange, étant renfermée, est à l'abri du contact de l'air, et que, de l'autre, il n'est pas nécessaire d'en rogner les bords avec une longue
hache pour les soumettre de nouveau à l'action
du pressoir, ainsi que cela a lieu en pressant le
marc à l'ordinaire, opération qui se renouvelle
au moins huit fois.

» M. Revillon se contente de remuer et de
retourner le marc dans le coffre, avec une four-
che, une ou plusieurs fois, vers la fin de l'opération du pressurage. Par ce moyen, on en retire
une plus grande quantité de vin ; et il est à remarquer que le marc ne cesse d'en donner
qu'au moment où il ne présente plus au toucher qu'une matière sèche et pulvérulente.

» Il est un autre point de vue non moins important, sous lequel votre Comité envisage cette
invention, et qu'il trouve tout à fait en sa faveur, c'est celui de la dépense. Les bois dont
ce pressoir est formé, d'une bien plus faible dimension et en moindre quantité que ceux des

autres pressoirs, sont plus faciles à trouver et d'un prix moins élevé; la manipulation, extrêmement facile, exige moins de bras et moins de temps. Pouvant être portatif et occupant moins d'espace, il offre de l'économie pour les bâtimens ruraux.

» Votre Comité croit devoir ajouter qu'une Commission nommée par la Société d'agriculture de Mâcon pour suivre, avec une scrupuleuse exactitude, la manœuvre et les effets du nouveau pressoir, annonce que sa force de pression est bien plus grande que celle des anciens : elle cite pour exemple qu'un marc de vendange *blanche*, placé sur un pressoir à bascule, après avoir rendu sept tonneaux et demi de vin, était regardé comme entièrement desséché, ou avait même renoncé à en tirer davantage; mais, sur le nouveau pressoir, on a pu en extraire encore 45 litres.

» La Commission, comparant ensuite le pressoir à bascule usuel avec celui de M. Revillon, a été frappée, à la vue du premier, de son étendue, de sa hauteur, et de l'énorme dimension des pièces de bois qui le composent; l'autre, au contraire, ne comporte aucune forte pièce, il occupe peu d'espace : s'il présente, dans les plus grandes proportions adoptées par l'inventeur, une longueur de 20 pieds, sa largeur, en revanche, est peu considérable, et 8 pieds d'élévation suffisent pour son service. Avec celui-ci, deux hommes, et même un seul, au besoin, peuvent, sans grands efforts, opérer toute la pression désirable ; l'autre ne peut être desservi par moins de six hommes, qui donnent péniblement de violentes secousses : l'action de ce dernier étant presque continuellement à faux, il arrive fréquemment que le défaut de précautions occasione la perte de quelques unes des pièces, toujours très coûteuses. Dans le nouvel instrument, la pression s'opérant d'une manière toujours directe, et agissant sur de petites surfaces, peut être prolongée indéfiniment sans qu'on ait à redouter des accidens. Vingt-quatre heures suffisent à peine, sur le pressoir à bascule, pour dessécher un marc qui, à l'aide du nouveau, est parvenu en huit heures au plus haut degré de pressurage.

» Pour rendre la pression plus rapide sur ses grands pressoirs destinés pour le vin rouge, M. Revillon a placé à chaque extrémité une vis de pression garnie d'un volant-balancier, comme on le voit dans la planche ; la réaction s'opérant au centre du marc, il ne faut plus, pour en obtenir le desséchement, que la moitié du

temps que l'on emploie lorsque le pressoir ne
porte qu'une vis, et que le point de résistance
se trouve à l'extrémité du coffre. La promptitude du pressurage du vin rouge, indépendamment de l'économie du temps, a de plus
l'avantage de conserver à cette boisson toute sa
qualité, parce que si le marc, qui est en fermentation au sortir de la cuve, reste trop long-
temps en contact avec l'air, il y a une évaporation sensible de la partie spiritueuse, qu'il
importe de conserver.

» En terminant ce rapport, votre Comité des
arts mécaniques croit devoir ajouter que l'usage
de la vis de pression, munie d'un volant-balancier à percussion plus ou moins pesant, suivant
l'emploi auquel on le destine, ne se borne point
au pressurage de la vendange : on peut encore
s'en servir avec succès à exprimer le jus de la
pulpe de betterave, celui des pommes à cidre ;
pour extraire l'huile des graines avec le même
avantage qu'on obtient de la presse hydraulique ; pour exprimer l'eau du papier à mesure de sa fabrication ; pour aplatir la corne, et
même mouler cette matière par l'action de la
presse, etc.

» On peut prévoir, par cet exposé, le succès
que doit obtenir l'invention de M. Revillon ;

les arts ne tarderont pas à y recourir pour en tirer tout le secours qu'elle leur promet. Le Jury central de l'Exposition des produits de l'industrie française de cette année, ayant jugé cette invention digne d'une distinction très honorable, votre Comité regrette que le règlement, dans cette circonstance, ne lui permette pas de proposer de décerner à l'auteur une médaille de premier ordre ; mais pour donner à M. Revillon un témoignage du prix que vous attachez à cet heureux fruit de son imagination, nous vous proposons de rendre public, avec figures, par la voie du *Bulletin* de la Société, le présent rapport, afin de hâter le moment où l'emploi de son pressoir deviendra plus général.

» Adopté en séance, le 19 décembre 1827.

» *Signé* C.-P. MOLARD aîné, rapporteur. »

2°. Dans un autre rapport du 21 mai 1828, M. Molard s'exprime ainsi, quant aux pressoirs :

« La Société d'encouragement, dans la vue d'obtenir un bon pressoir, a établi, dans son *Bulletin* de 1813, les conditions suivantes à remplir par les concurrens du prix qu'elle avait proposé pour le perfectionnement des presses :

» 1°. Économie de construction et d'entretien ; 2°. service prompt, sûr et facile ; 3°. pressurage économique ; 4°. grandeur d'effet de pression.

» Pour pouvoir faire apprécier jusqu'à quel point le pressoir de M. Revillon remplit ces conditions, votre Comité des arts mécaniques a consigné, dans son rapport imprimé dans le *Bulletin* de janvier dernier, la description avec figure de cette utile machine. Il a pris soin, en même temps, de signaler les bons effets qu'on en avait obtenus pendant deux années consécutives pour le pressurage des vendanges.

» Ainsi, nous nous contenterons de rappeler que la composition de ce pressoir nous paraît répondre exactement à la première de vos conditions ; savoir, l'économie de construction et d'entretien.

» En effet, si l'on prend pour terme de comparaison les anciens pressoirs, cette économie est incontestable, puisque, avec le bois d'un ancien pressoir, on peut en construire trois des nouveaux, dont chacun est capable de produire le même effet plus sûrement, plus économiquement et plus promptement ; ce qui satisfait complétement à la seconde et à la troisième condition.

» A l'égard de la grandeur de l'effet de pression que vous avez exigée dans un bon pressoir, celui de M. Revillon satisfait aussi à cette condition essentielle d'une manière simple, sans que le prix en soit sensiblement augmenté, puisqu'il suffit d'adapter à la tête de la vis un volant-balancier à percussion, au moyen duquel on fait avancer la vis dans son écrou contre la résistance ou la matière dont on veut extraire le jus.

» Des expériences récentes ont prouvé l'énergie et la constance de pression qu'on peut obtenir d'un pressoir à vis muni d'un volant à percussion, puisqu'on est parvenu à extraire la mélasse du sucre brut, soit à froid, soit à chaud.

» Enfin, nous croyons devoir ajouter que les agens indiqués ci-dessus portent le caractère du génie, qui consiste à produire de grands effets sans luxe de moyens, et qu'ils sont susceptibles de beaucoup d'applications utiles.

» Votre Conseil d'administration vous propose de décerner à M. Revillon la médaille d'or de première classe en témoignage du prix que vous attachez à ses nombreuses et utiles inventions.

» Adopté en séance générale, le 21 mai 1828.

» *Signé* MOLARD aîné, rapporteur. »

Après ces divers rapports, on a fait l'application du moyen de pression aux cidres, avec un pressoir de la même organisation que pour les vins.

C'est M. le comte Marc de Pérochel, habitant à Saint-Aubin près Fresnoy, département de la Sarthe, qui a bien voulu faire l'expérience relative aux cidres.

Cette expérience a pleinement réussi, et en attendant le rapport que M. le comte Marc de Pérochel a promis, voici ce qu'il dit dans sa lettre du 19 octobre 1828 :

« Je vais maintenant commencer une suite d'expériences dont je vous enverrai le résultat exact, auquel vous pourrez ajouter la plus grande confiance ; si vous croyez devoir lui donner de la publicité pour les pays à cidre, je vous propose de rédiger cette note sous forme de certificat.

» Ce que je puis affirmer dès aujourd'hui, c'est que les intervalles entre chaque liteau, étant dans mon pressoir de deux lignes et demie, le marc ne passe pas au travers, même après le repilage du marc avec l'eau pour faire le petit cidre. Après avoir extrait neuf poinçons de liquide (neuf de vos tonneaux mâconnais de deux cent quarante bouteilles), le tablier qui reçoit le jus de la caisse n'était pas couvert d'un verre de marc.

» J'ajouterai que je n'avais mis aucun lit de paille, m'étant contenté de remplir la caisse sans plus de précaution. Nul doute que le cidre ne soit de meilleure qualité que lorsqu'il repose sur une couche épaisse de lie dans les futailles. La quantité sera notable en plus, je le vois déjà, mais sans pouvoir m'en rendre encore un compte exact, étant occupé de trop de choses à la fois dans le premier moment. Quelques petites additions ont été faites par moi, notamment pour soulager les filets des vis et maintenir celles-ci dans une direction toujours droite. »

On terminera cette notice, déjà trop longue peut-être quant aux pressoirs, en ajoutant que toutes les difficultés ont été vaincues pour arriver aux pressions propres à extraire les liquides des raisins et fruits ; que la seule condition à remplir est de bien proportionner les résistances à la force de pression devenue nécessaire à chaque genre de pressoir (la pression pouvant être augmentée indéfiniment).

CHAPITRE II.

ARTS ET MANUFACTURES.

Ici viennent toutes les applications du *lévier continu à percussion*.

Celles faites jusqu'à présent concernent les *médailles*, les *sucres*, les *huiles*, les *jus pour les pharmacies*, les papiers pour le *lissage*, pour les *papeteries*; les *arrache-pieux*, etc.

Le moteur a cet avantage, qu'il peut être adapté aux anciennes machines. (Il faut acheter la licence, pour être autorisé à en faire usage.)

Les arts et les manufactures auront, à l'aide du balancier à percussion, un moteur qui met à leur disposition une force de pression sans bornes, puisqu'en combinant bien les résistances une vis en fer, quel que soit son diamètre, finit par se refouler sur elle-même; ce qui doit être considéré comme le *nec plus ultra* de la pression. Ajoutons encore que la nouvelle presse, conservant naturellement le degré de pression donné, devient, par cette raison, préférable à la presse hydraulique, qui est privée de cet avantage.

Cette presse peut donc être de la plus grande utilité aux papetiers, comme presse de cuve et d'apprêt; aux imprimeurs, comme presse de satinage; aux relieurs, soit pour serrer les feuillets des livres, soit pour amincir les cuirs les plus durs et les plus défectueux; aux fabricans de draps, pour la dessiccation, l'apprêt et le ployage des tissus; pour les graines oléagineuses, les olives, les amandes; pour les suifs fondus; pour l'extraction de la mélasse des sucres bruts, de même que pour l'extraction du jus de la betterave.

On peut cependant conserver les presses déjà en usage, il suffira de leur appliquer le moteur dont M. Revillon est l'inventeur : on obtiendra alors la force de pression nécessaire, et l'on économisera ainsi les frais de construction d'une nouvelle presse.

Le mérite de ce moteur, quelle que soit son application, résultant de la liberté qu'il donne de frapper à diverses reprises sans qu'il puisse s'opérer aucune perte de la pression déjà obtenue, cette pression peut devenir infinie; mais comme on peut la diriger à son gré, il devient facile, si on l'applique aux métaux, de ménager les pièces que l'on fabrique, et d'éviter les cassures qui ont lieu avec les presses ordinaires.

Cette presse peut frapper des médailles et des médaillons d'une plus grande dimension que ceux qui ont existé jusqu'à présent ; estamper des couverts et une foule d'autres pièces d'argenterie ; remplacer ainsi dans beaucoup de cas les balanciers et les moutons employés dans la grosse orfévrerie ; elle est applicable à la fabrication des plaques d'argent et des tôles vernies, soit pour découper et emboutir, soit pour obtenir des formes saillantes d'une hauteur à laquelle on n'est pas encore parvenu. Enfin les applications sont si nombreuses, qu'il est impossible de les prévoir toutes.

Les rapports qui jusqu'à présent ont eu lieu, à raison de ses diverses applications, sont ceux qui suivent :

I. *Extrait du procès-verbal du Jury d'admission du département de Saône-et-Loire, du 7 août 1827.*

« On a pressé devant nous des feuilles imprimées pour en opérer le lissage ; deux hommes manœuvraient le lévier sans faire des efforts considérables. Cette pression a produit en peu

5.

de temps le résultat ordinaire de ce genre d'opération.

» Nous avons reconnu, par le mouvement qu'un seul homme imprimait à la vis vers la fin de cette manœuvre, qu'on eût pu presser davantage; mais comme l'action exercée sur la presse elle-même menaçait de quelque rupture, nous avons fait desserrer. Cette épreuve d'ailleurs avait suffi pour nous convaincre qu'avec un châssis que la matière et les dimensions rendraient inflexible, on obtiendrait un degré de pression illimité.

» Une autre expérience a été faite sur un cahier d'environ un centimètre d'épaisseur de papier imprimé, serré entre deux planches de bois d'orme, qui est d'une qualité fort dure; on est parvenu à faire presque toucher les deux planches, et le papier interposé s'est moulé en creux dans l'une et dans l'autre.

» Il nous paraît que cette application du lévier de M. Revillon ne laisse rien à désirer sous les trois rapports de la simplicité du mécanisme, de la facilité de la manœuvre et de la puissance de l'action, et qu'en conséquence elle sera d'un avantage considérable au grand nombre de fabriques qui font usage de presses, et ont besoin de beaucoup de forces.

» Elle viendra remplacer utilement les presses hydrauliques, dont la vogue a déjà cédé à l'élévation de leur prix, à la facilité de leur dérangement, et à la considération qu'elles deviennent complétement inutiles lorsqu'il ne se trouve pas sur les lieux d'ouvriers capables de les réparer : ce qui est très ordinaire, pour peu qu'on se trouve à une certaine distance des grandes villes et des fabriques où ces presses se confectionnent.

» Pour copie conforme ,

» *Le Préfet de Saône-et-Loire* ,

» VILLENEUVE. »

II. La Société d'encouragement a entendu le Rapport de M. Mallet, Ingénieur en chef du département de la Seine, dans sa séance du 2 janvier 1828.

Voici ce qui concerne les *arrache-pieux*.

« On emploie divers moyens pour arracher les pieux, en raison des localités : les uns ont recours à la sonnette qui a servi à les battre, et, à cet effet, au treuil dont elles sont munies; d'autres emploient une combinaison de léviers, d'autres recourent à des verrins. Dans certaines localités, celles où le flux se fait sentir, on attache les pieux à arracher à un corps flottant, offrant une surface suffisante, et l'eau elle-même fait l'opération. Mais tous ces moyens demandent des appareils qui tiennent de la place ; souvent ils exigent la réunion d'un grand nombre d'hommes qui se nuisent entre eux, et ils deviennent alors très dispendieux ; enfin ils ne sont pas d'une application générale. M. Revillon, frappé de ces inconvéniens et de cette insuffisance des moyens précités, a eu l'idée d'y suppléer en appliquant à cette opération ce qu'il appelle le balancier ou lévier à percussion.

» L'idée de ce balancier lui a d'abord été suggérée par le désir de perfectionner les pressoirs du pays vignoble qui lui a donné le jour, et c'est à ces machines qu'il en a fait la première application.

» Il appelle ce balancier *à percussion*, parce qu'il opère par le choc, effet commun à tout balancier : aussi jusque-là il n'y aurait rien de nouveau que l'application qui en aurait été faite et qui ne s'était encore étendue qu'au battage de la monnaie et à la fabrication des divers ouvrages pour lesquels on a besoin d'emboutir la matière ; mais jusqu'à présent aussi, l'effet de ces balanciers se borne à celui une fois obtenu en raison de leur masse et de la vitesse dont ils sont animés au moment de la percussion ; et c'est ce point qui a fixé l'attention de M. Revillon.

» Il s'est donc étudié, non à augmenter cet effet, car nous aimons à reconnaître dans cet habile mécanicien des idées trop justes des forces mouvantes pour croire qu'il ait eu une semblable prétention, mais à accumuler et à ajouter successivement, les uns aux autres, un nombre d'effets qui n'eût de limites que la résistance de la matière; et c'est cette idée qu'il est parvenu à mettre à exécution.

» A cet effet, au lieu de rendre le balancier, auquel il a donné la forme d'un volant, solidaire avec la tête de la vis, il l'a laissé en liberté et l'a muni, le plus près possible de son centre, de deux taquets, qui viennent s'arrêter, dans le mouvement du balancier, contre deux autres, implantés dans la tête de la vis : par ce moyen simple, il peut accumuler à l'autre extrémité, et contre la résistance qui lui est opposée, autant de fois l'effet produit par le choc, qu'il a frappé de coups.

» Pour appliquer ensuite cette idée à l'arrache-pieu, il lui a suffi d'engager la vis dans un écrou muni de deux crochets, auxquels s'attache la corde fixée au pieu; à chaque coup, l'écrou tend à s'élever en augmentant continuellement la tension des cordes jusqu'à ce que l'équilibre soit rompu , effet qui ne peut manquer d'avoir lieu , et d'autant moins que cette machine , ainsi que l'observe très bien M. de Latombe, présente, dans sa manière d'agir, une force vive qui sert puissamment à détruire l'adhérence des pieux à la terre.

» Telles sont , Messieurs, les machines que nous a présentées M. Revillon ou du moins les applications importantes qu'il a faites de deux dispositions d'agens mécaniques que nous devons à cet habile artiste.

» Ces dernières, aussi simples que susceptibles d'une infinité d'applications utiles , ainsi que celles qu'il vient déjà de vous en présenter, paraissent porter le véritable caractère du génie, qui consiste à produire de grands effets sans luxe de moyens , et vous accorderez sans doute à cet habile artiste le tribut d'éloges qu'il mérite.

» Votre Comité a l'honneur de vous proposer, Messieurs ,

» 1". De témoigner votre satisfaction à M. Revillon , en le remerciant de sa communication ;

» 2°. De faire déposer dans vos archives le mémoire qu'il a joint à l'envoi de ses machines ;

» 3". D'en faire dessiner les détails et de les

insérer dans votre *Bulletin*, ainsi que le présent rapport.

» Adopté en séance, le 2 janvier 1828.

» *Signé* Ch. Mallet, rapporteur. »

III. Le *Journal de pharmacie* de septembre 1828, en donnant le détail d'une presse applicable aux usages de la pharmacie, contient la note suivante.

C'est M. Boutrou Charlard qui parle.

« Je cherchais depuis quelque temps le moyen de faire construire une presse pour l'extraction de l'huile de ricin, qui joignît à l'avantage d'une forte pression la facilité d'être mise en mouvement par un seul homme et d'occuper peu d'espace. Les presses hydrauliques me présentaient bien ces avantages réunis; mais l'entretien et les réparations dont elles sont susceptibles lorsqu'on est un certain temps sans les utiliser, ainsi que leur prix fort élevé, m'avaient, jusqu'à ce jour, fait hésiter à les adopter.

» Ayant eu l'occasion de voir, à l'exposition des produits de l'industrie en 1827, un pressoir à vis et un arrache-pieu de M. Revillou, horloger à Mâcon, auxquels ce mécanicien avait fait l'ingénieuse application du volant-balancier à percussion, je résolus d'avoir recours à lui

pour l'établissement d'une presse d'après ce nouveau système.

» Au moment où je le vis, encouragé par les
récompenses dont le Jury de l'exposition l'avait
jugé digne, il s'occupait de la construction
d'une presse de grande dimension, qui depuis
a été essayée, et qui a donné des résultats qui
ont dépassé toutes les espérances, puisqu'avec
cette presse il a extrait à froid la mélasse des
sucres bruts et les a rendus d'une blancheur
parfaite, et qu'il a frappé une médaille de 24 lignes de diamètre et de 2 lignes et demie d'é-
paisseur et après deux ou trois recuites seulement.

» M. Revillon n'ayant pas encore fixé sa rési-
dence à Paris, ni élevé d'atelier destiné à la
confection de toutes sortes de machines à percussion, ainsi qu'il en a le projet, m'a mis en
rapport avec M. Monnier, mécanicien, rue Saint-
Maur, n°. 142. C'est cet artiste qui a construit la
presse dont voici la description.

» Elle se compose d'un socle en fonte de fer A,
portant, à sa partie supérieure, une gouttière et
un bec destinés à l'écoulement des liquides. Aux
quatre angles de ce socle, sont fixées par des clavettes quatre colonnes en fer tourné B, sur-
montées d'un chapeau en fonte de fer C, au

centre duquel est un écrou en cuivre D , qui reçoit une vis en fer tourné et à un seul filet E.

» A l'extrémité inférieure de la vis , est un billot en fonte de fer F, mobile par elle et coulant entre les quatre colonnes. La vis est munie, à sa partie supérieure, d'une tige ronde G , et d'une embase portant deux mentonnets d'arrêt ou butoirs H.

» La tige ronde G est destinée à recevoir un volant-balancier circulaire à percussion I, en fonte de fer et d'un poids proportionné à la force et à la grosseur de la vis. Ce volant est armé, à sa partie inférieure, de deux mentonnets d'arrêt ou butoirs , semblables à ceux fixés à la tête de la vis, et il porte en outre quatre chevilles de fer J, qui servent à rendre son mouvement plus facile.

» Quand on veut faire marcher cette presse, on imprime une secousse au volant-balancier à percussion , monté librement sur la tête de la vis qui lui sert d'axe ; la masse que l'on veut presser offrant d'abord une légère résistance, les mentonnets ou butoirs du volant-balancier viennent frapper ceux de la tête de la vis, qui tourne dans son écrou par l'effet du choc. On réitère la percussion jusqu'à ce que la résistance qu'oppose la matière ne permette plus à la vis d'avancer que d'une demi-ligne environ : alors il est essentiel d'attendre quelques instans que l'écoulement du liquide s'opère et laisse à la vis la faculté d'avancer de nouveau. Sans cette précaution, l'accumulation de la force serait si considérable, qu'on s'exposerait à refouler la vis ou à la briser.

» Cette presse, qui ne diffère de celles connues jusqu'ici que par l'application du volant-balancier à percussion, et par l'heureuse idée qu'a eue M. Revillon de le rendre indépendant, c'est à dire tournant librement sur la tête de la vis, ne peut être comparée, pour les avantages qu'on peut en tirer, qu'avec les presses hydrauliques et n'a pas, comme ces dernières, l'inconvénient d'exiger un entretien journalier et des réparations fréquentes.

» Le volant-balancier de M. Revillon pouvant s'adapter facilement sur d'anciennes presses, les pharmaciens pourront, sans beaucoup de frais, profiter de l'augmentation de force qu'il imprime à ces sortes de machines. »

Au fur et à mesure des expériences, l'inventeur en donnera les résultats.

CHAPITRE III.

HORLOGES PUBLIQUES ET PARTICULIÈRES,

A l'usage des villes, des communes, des manufactures, des châteaux, etc.

Le but que M. Revillon s'est proposé, en simplifiant ses horloges dans leur construction, a été de les mettre à la portée de toutes les fortunes et des communes les moins aisées.

Le lévier excentrique de son invention lui a donné la facilité et l'avantage de n'employer que des roues d'un bien plus petit diamètre que par les procédés ordinaires. Ce lévier excentrique, placé près du centre de la roue, n'a presque pas de frottement, à raison de sa position; la résistance est toujours uniforme : ainsi l'on peut diminuer les poids employés dans les nouvelles horloges, comparativement aux anciennes, depuis un huitième jusqu'à moitié, selon le plus ou le moins de descente que permet le local.

Ces horloges sont susceptibles de frapper les heures, les demies, les quarts et la répétition, sur toutes sortes de cloches, même sur celles destinées au service du culte, sans nuire à leur volée.

De la manière dont M. Revillon a combiné ses détentes, elles se réduisent à une seule; il a supprimé la détente de délai, et l'a remplacée par un seul piton.

Depuis l'exposition de 1823, il a perfectionné ses horloges en supprimant les cylindres; il les a remplacés par des poulies d'un genre particulier, qu'il a appliquées à l'horlogerie.

Ces poulies ne sont point de la forme de celles généralement en usage; elles sont garnies de côtes, sur lesquelles s'enroule la corde du poids moteur, tant pour les mouvemens que pour la sonnerie.

Les poulies des anciens mouvemens étaient armées de pointes, celles des nouveaux sont garnies de côtes comme celles des sonneries, elles ne déchirent pas les cordes : il en résulte l'avantage d'une diminution de matière dans les horloges; ce qui en rend beaucoup plus faciles et moins dispendieux la fabrication, le transport et le posage.

Un autre avantage du lévier excentrique et des poulies de ce genre, c'est qu'avec une descente de poids de 20 pieds, telle horloge marchant vingt-

quatre heures, avec 40 pieds de descente mar-
chera deux jours, et quatre jours avec 80 pieds.

Un avantage non moins grand attaché à ces
poulies, c'est qu'on peut remplacer les contre-
poids par des cylindres, qui seraient placés sur
le plancher qui reçoit les poids ; la corde s'en-
roulerait sur ces cylindres, et servirait à remonter l'horloge ; la même application pourrait se
faire au mouvement. Il faut qu'il y ait un ressort qui appuie sur le cylindre ou sur l'arbre ,
pour faire un frottement qui retienne assez la
corde pour qu'elle s'enfonce dans la poulie.

Par ce moyen, on facilite le remontage, qui
peut se faire du bas de la tour : cela éviterait la
difficulté qu'on a de monter dans les clochers,
qui sont souvent mal disposés, et dispenserait
encore des frais de remontage.

Disons plus : une horloge qui se monterait
toutes les vingt-quatre heures, on peut la faire
marcher plusieurs jours.

Pour cela , il faut une poulie d'un diamètre
deux ou trois fois plus grand que celui de la
poulie de l'horloge, qu'elle soit faite de même :
il faut que cette dernière poulie porte un cylindre plus petit que celui de l'horloge, et qu'il
soit placé dessous ; que cette poulie soit suspen-
due à une corde sans fin, et maintenue des

deux côtés par des pièces de fer fixées à la caisse, où le cylindre et la poulie seraient mobiles ; du côté de la poulie, la pièce de fer n'est qu'entaillée, pour maintenir seulement la poulie, à cause de l'alongement de la corde.

Ce moyen coûte beaucoup moins que les moufles : il est très commode pour les courtes descentes, il ne peut pas être pratiqué avec les cylindres ordinaires.

Enfin, ces horloges, par leur construction et leur peu de volume, ont l'avantage de pouvoir être tranportées et placées presque partout et avec facilité ; elles sont renfermées dans des caisses vernies qui les garantissent de la poussière et de la rouille. Ces caisses, très solides, facilitent le transport des horloges, dispensent des frais d'emballage, et sont très commodes pour les placemens, que l'on peut faire contre un mur sur des supports en fer ou en bois, sans qu'il soit nécessaire d'une construction particulière pour les loger ; ce qui évite de grands frais.

Pour les régler facilement, il y a sur la caisse un cadran de minutes, où est placée une aiguille, au moyen de laquelle on met l'horloge à l'heure sans toucher au mouvement : par cette précaution, elles peuvent être montées par des personnes absolument étrangères à leur mécanisme.

Ainsi toutes ces choses réunies mettent M. Revillon à même de procurer aux acquéreurs une économie d'un tiers ou la moitié environ sur les prix auxquels on leur a fourni des horloges jusqu'à ce jour.

Le lévier excentrique de M. Revillon a été reconnu par le Jury de l'exposition de 1823, comme un mécanisme élémentaire qui peut recevoir une infinité d'applications, et offrir de grandes améliorations dans divers arts mécaniques, pour produire une percussion réitérée par un mouvement de rotation continu.

On peut appliquer ce lévier, avec le plus grand succès, aux huileries et au pilonage de toute espèce de drogues.

L'application du *lévier* excentrique ayant été faite aux plante-pieux, et de nouveaux perfectionnemens ayant eu lieu quant aux *horloges*, on en a rendu compte ainsi :

I. Le rapport de M. Francœur à la Société d'encouragement, le 10 mars 1828, quant aux horloges, est conçu en ces termes :

« M. Revillon, est bien connu de vous, Messieurs, et le talent de cet horloger-mécanicien a déjà fait plusieurs fois le sujet des éloges du Comité des arts mécaniques, pour des inventions très ingénieuses auxquelles vous avez accordé votre approbation. Vous consentirez, Messieurs, à approuver encore les horloges publiques dont M. Revillon a perfectionné quelques parties, et particulièrement le mécanisme qui est destiné à lever les marteaux de sonnerie.

» Cet artiste vous a présenté trois horloges fort bien exécutées : l'une, donnant les heures et les quarts, marchant huit jours, et pouvant frapper une cloche de 4 à 500 kil., le prix est de 900 fr.; la deuxième, sonnant les heures et les demies, allant trente heures, et frappant une cloche de 1,000 à 1,200 kil., du prix de 600 fr.; la troisième, qui ne diffère de cette dernière que par les dimensions, et dont le prix est de 350 fr., peut frapper une cloche de 5 à 600 kil.

» L'auteur ne peut livrer ces horloges aux prix qui viennent d'être indiqués que parce qu'il a simplifié certaines parties de l'appareil en y adaptant un mécanisme ingénieux. Il me sera facile de le faire comprendre, en vous disant qu'il est de même nature que celui dont notre collègue, M. Mallet, vous a rendu compte dans la dernière séance, en faisant le rapport sur la machine de M. Revillon pour battre les pieux. Alors c'était un mouton qu'il fallait élever et laisser tomber pour frapper le pieu et le faire entrer dans le sol; ici, c'est un marteau d'un poids proportionné à celui de la cloche qu'on veut faire résonner, et il s'agit de lever ce marteau et de le laisser retomber sur la cloche autant de fois que l'exige l'heure qu'on veut faire entendre.

» Il n'y a rien de changé, dans l'horloge de M. Revillon, aux pièces du mouvement et de la sonnerie, si ce n'est ce qui concerne le déclic; car les détentes sont tellement combinées qu'elles se réduisent à une seule, et aussi en ce qui se rapporte au lévier excentrique qui fait lever le marteau.

» La roue qui est destinée à produire la levée, dans l'appareil à battre les pieux, est mise en mouvement à force de bras; cette roue porte à sa circonférence une cheville qui, en tournant, va buter contre un taquet placé sur une autre roue excentrique à la première; cette deuxième tourne donc entraînée par celle-ci. Cette rotation élève le mouton, dont la corde de suspension s'enroule sur l'axe de la deuxième roue; mais l'excentricité du taquet fait qu'il s'éloigne peu à peu de l'axe de la première roue motrice et que la cheville l'abandonne bientôt. Alors la deuxième roue, tirée par le poids du mouton, est ramenée en arrière à sa position primitive pour entrer de nouveau en prise, et retourner lorsque le taquet se trouvera poussé par une autre cheville; et cette fonction sera réïtérée, autant de fois qu'il sera nécessaire, par l'influence de la roue à chevilles.

» Pour faire de ce mécanisme celui de la sonnerie de M. Revillon, il faut seulement remplacer la seconde roue par un lévier dont le centre de rotation soit excentrique à la roue à chevilles, et la force des bras par un poids qui fait tourner cette roue. Le taquet est fixé au lévier excentrique, qui se lève quand ce taquet est en prise, et retombe quand il redevient libre. On conçoit aisément comment ce mouvement du lévier met les marteaux en jeu. Ce mécanisme est simple et ingénieux; il fonctionne très bien et mérite d'être accueilli par les horlogers.

» Quelques autres détails, d'un moindre intérêt, ne sont pas susceptibles d'être compris sur la simple exposition verbale. M. Revillon annonce que l'ensemble de ses constructions se trouve assez simplifié pour lui avoir permis de réduire de plus d'un tiers le prix des horloges publiques. Un assez grand nombre de ces appareils, sortis de sa fabrique, font preuve qu'il a rempli cet engagement. La main-d'œuvre étant peu coûteuse à Mâcon, où M. Revillon habite, cette circonstance a dû concourir aussi à produire l'abaissement de prix dont il se vante.

» Le Comité des arts mécaniques vous propose, Messieurs, d'insérer le présent rapport au Bulletin, et d'écrire à M. Revillon pour l'encourager dans ses travaux.

»Adopté en séance, le 20 mars 1828.

» *Signé* FRANCOEUR, rapporteur. »

M. Molard a ajouté, à raison des mêmes horloges, dans son rapport du 21 mai suivant, ce qui suit :

« On a observé que l'une des trois horloges de M. Revillon sonnait les heures et les quarts, marchait huit jours de suite, et pouvait frapper une cloche de 4 à 500 kil. : le prix est de 990 francs;

» Que la seconde, sonnant les heures et les demies, allant trente heures, et frappant une cloche de 1,000 à 2,000 kilog., est du prix de 600 francs;

» Que la troisième ne différait de cette dernière que par les dimensions des pièces : elle peut frapper une cloche de 5 à 600 kil., et coûte 350 francs.

» L'auteur n'est parvenu à livrer ces horloges aux prix indiqués qu'en simplifiant beaucoup leur construction et en y adaptant un mécanisme ingénieux, qui a pour objet d'élever un marteau d'un poids proportionné à celui de la cloche qu'on emploie et de le laisser retomber autant de fois que l'exige l'heure qu'on veut faire entendre.

» Ce mécanisme consiste en un bras de lévier dont le centre est excentrique à la roue à cheville, que le poids de l'horloge fait tourner; un mentonnet fixé à ce bras de lévier fait qu'il ne s'élève qu'au moment où le mentonnet est en prise, et retombe quand il redevient libre. Ce bras de lévier, qui met en jeu les marteaux, est fort simple, et nous paraît de nature à contribuer au perfectionnement des grosses horloges.

» Enfin, les horloges de M. Revillon sont disposées de manière qu'on peut aisément les remonter sans qu'il soit nécessaire de s'élever au dessus du sol ; ce qui rend le service extrêmement facile. »

II. Quant à l'application du lévier *excen-trique* à une machine à *battre les pieux*, voici le rapport de M. Mallet, du 2 janvier 1828.

« M. Revillon a présenté à la Société deux sonnettes ou machines à battre les pieux, plus une autre machine destinée à les arracher ; il y a joint un mémoire explicatif, à la fin duquel est un rapport du jury d'admission, rédigé par M. de Latombe, ingénieur en chef du département de Saône-et-Loire ; enfin une feuille de dessin relative à quelques modifications qu'il se propose de faire à l'une des machines.

» Une des sonnettes est destinée à remplacer celles connues sous le nom de *sonnettes à ti-raude*, l'autre celles dites *à déclic* : ces machines présentent, toutes les deux, une application d'une invention de l'auteur, appelée par lui *échappement par excentrique;* tandis que l'arrache-pieu se rapporte à une autre invention également de l'auteur, et qu'il nomme *balancier à percussion.*

» On sait que le battage des pieux se divise en deux opérations différentes : dans la première, on met le pieu en fiche et on l'enfonce jusqu'à ce qu'il soit descendu à une certaine profondeur et qu'il commence à offrir une résistance, dont on fait varier la limite en raison de l'objet du battage ; dans la seconde, on met le pieu au refus, et l'intensité de ce refus varie également en raison des circonstances.

» Généralement, pour les pilotis destinés à porter de lourds fardeaux, on se sert de pieux de 25 à 32 centimètres de grosseur dans le milieu, et on les bat avec des moutons, qui peuvent peser, pour la première opération, 3 à 400 kil. et pour la seconde 6 à 700 ; on emploie, dans le premier cas, la tiraude, en soulevant le mouton d'un mètre à un mètre et demi, et dans le second, on a recours à la sonnette dite *à déclic,* au moyen de laquelle on élève le mouton de 4 à 5 mètres et plus. On emploie même, dans beaucoup de cas, cette dernière seulement, le tout en raison de la nature des travaux et de la nécessité de les conduire plus ou moins vite.

» On a appelé la première sonnette *à tiraude,* parce que le mouton est tiré directement par les bras des hommes, sans autre secours que celui d'une poulie, et la seconde, *à déclic,* parce que, après avoir élevé le mouton par l'intermédiaire d'une combinaison de rouages, on rend libre, au moyen d'un déclic, ou le mouton directement, à l'extrémité de la corde qui l'a élevé, ou le tambour, sur lequel cette corde a été enroulée ; le premier cas est celui des sonnettes de ce genre, dues à Wanlhoué, horloger anglais; et l'autre se rapporte à la sonnette à déclic de M. Vauvilliers, ingénieur en chef des ponts et chaussées, sonnette généralement employée aujourd'hui dans les grands travaux.

» Mais ces deux machines exigent la main de l'homme pour faire jouer le déclic, et la seconde offre l'inconvénient de fatiguer considérablement les cordes, par le choc qu'elles reçoivent du tambour dans le mouvement que le mouton lui a imprimé sur lui-même, en déroulant la corde qui l'a élevé.

» Ce sont ces sujétions et ces inconvéniens que M. Revillon a cherché à éviter dans les deux machines qu'il présente, en y faisant l'application de l'échappement par excentrique dont nous avons parlé, et qu'il annonce avoir inventé eu remplacement du lévier à bascule, employé dans les sonneries des horloges publiques. Nous devons, avant tout, chercher à donner une idée de cette invention.

Sonnette destinée à remplacer celle dite A TIRAUDE.

» Voyons, par la pensée, une poulie pouvant tourner librement sur un axe passant par son centre; fixons sur cet axe de la poulie et contre

une de ses joues un petit bras de lévier plus long
que son rayon ou qui dépasse sa circonférence ;
fixons sur le même arbre , contre la joue opposée , un autre lévier , mais muni d'un petit bras
perpendiculaire au plan du premier et à celui
de la joue , ledit excédant l'épaisseur de la poulie contre laquelle il est appliqué ; attachons
ensuite vers un point de ce bras , en dedans de
la poulie, une corde passant sur une autre poulie placée à une petite distance de celle-ci, ladite
corde tenant un poids suspendu ; enfin, donnons
à l'axe de la poulie un mouvement de rotation
sur lui-même aussitôt que le lévier droit aura
rencontré le petit bras saillant de celui placé
au côté opposé , il entraînera ce dernier et avec
lui la corde , qui s'enroulera sur la poulie ; et
si l'on fait échapper le lévier droit , avec lequel est en prise celui qui tient un des bouts de
la corde, on conçoit que la poulie , devenant
libre à l'instant , tournera sur elle-même , en
cédant à l'action du poids , qui descendra en
même temps de la hauteur déterminée par la
longueur de la corde enroulée : c'est cet échappement du lévier droit, nécessaire à la descente
du poids , qui s'opère de lui-même et se règle
à volonté par suite de l'artifice, que l'auteur a
imaginé.

» A cet effet, au lieu de mettre le centre du lévier muni du petit bras mentionné plus haut sur l'axe de la poulie ou sur son prolongement, M. Revillon l'a placé dans un autre point, en appelant cette disposition *échappement par excentrique.*

» On sent en effet que cette pièce, dont l'extrémité parcourt sur la poulie un cercle plus petit que celui parcouru en même temps par l'extrémité de l'autre lévier, doit tendre, suivant le point auquel on a mis ces deux pièces en prise, tantôt à se rapprocher de celui de contact, pour ensuite s'en éloigner jusqu'à ce que ce contact cesse entièrement et que l'échappement ait lieu, tantôt aussi à s'en éloigner continuellement, jusqu'à ce que le même effet se manifeste, moment auquel la pression du poids n'étant plus contre-balancée, celui-ci descend en déroulant la corde.

» Mais cette condition n'était pas la seule à remplir pour appliquer cette idée au battage des pieux, auquel nous arrivons maintenant. En regardant le poids comme le mouton destiné à les enfoncer, il fallait encore que la corde pût suivre le pieu dans son mouvement de descente, ou s'alonger à mesure qu'il s'enfonce ; et, à cet effet, au lieu d'attacher la corde qui élève le mouton au petit bras du lévier d'échappement, comme nous avons dû le supposer d'abord, M. Revillon l'a fixée sur un des points d'un petit tambour, dont l'axe est dans le prolongement de celui de la poulie, tambour pouvant tourner sur cet axe et qu'il a armé d'un rochet, en plaçant en même temps sur le lévier d'échappement un cliquet, qui rend ces deux pièces solidaires, au moyen d'un ressort appuyant sur ledit cliquet : en sorte que tant que le lévier à bras est pressé par l'autre, cette pression agit sur le cliquet, qui engage le tambour et empêche la corde de l'entraîner ; mais lorsque le lévier droit s'est échappé, le cliquet sortant des dents du rochet, et aidé d'ailleurs par un arrêt qu'il rencontre, le tambour devient libre, et la corde prend le développement qui lui est nécessaire pour suivre le pieu dans son mouvement.

» Telle est, en peu de mots, l'idée première de M. Revillon, idée qu'il a encore appliquée à la sonnette à déclic, dont nous avons maintenant à nous occuper.

Sonnette pour remplacer celle à déclic.

» Mais en passant aux détails particuliers de cette seconde machine, nous devons, avant tout,

faire remarquer que la corde, dans celle à tiraude, ne peut faire qu'un tour entier, attendu
que la poulie conduit l'échappement : en sorte
que l'auteur est obligé de donner à cette pièce
un diamètre proportionné à la hauteur à laquelle le mouton doit être élevé, et comme généralement on ne passe pas un mètre et demi
de levée dans le battage à la tiraude, on sent
que la dimension de cette pièce ne sort pas ici
de celles ordinaires; mais il n'en est pas de
même pour la sonnette à déclic : on élève le
mouton à de bien plus grandes hauteurs, et
M. Revillon, sentant qu'il devenait nécessaire,
dans ces cas, que la corde fît plus d'un tour sur
la poulie, s'est occupé du moyen de remplir
cette condition, moyen qui a consisté à placer
l'échappement excentrique sur une roue intermédiaire.

» L'auteur a eu recours, à cet effet, à quatre
roues, qu'il a placées dans une cage; mais il a
l'intention d'en diminuer le nombre et de sim-
plifier la forme de ce déclic, en se rapprochant
de celle qu'ont les déclics qu'on doit à M. Vauvilliers, ingénieur en chef des ponts et chaussées, et à rendre les siens également légers et
faciles à adapter aux sonnettes à tiraude ordinaires, pour les convertir en sonnettes à déclic :

le tout ainsi qu'on le voit à l'esquisse jointe au mémoire remis par cet habile mécanicien. Quant à l'échappement, si l'on remarque quelques petites modifications dans sa disposition, le principe est toujours le même, et nous ne croyons pas devoir nous y arrêter. »

M. Molard a ajouté dans son rapport, du 21 mai 1828, ce qui suit :

« L'un des modèles de sonnette, ou machine à battre les pieux, imaginée par M. Revillon, est destiné à remplacer la sonnette ordinaire, où le mouton est élevé à bras d'homme, au moyen d'une corde qui passe sur une poulie de renvoi. L'autre modèle de sonnette est du genre des sonnettes dites *à déclic*.

» L'auteur a fait à ses deux machines l'application de son ingénieux échappement par excentrique.

» Nous ne décrirons point ici la composition et les effets de ce nouvel échappement, parce que, d'une part, on ne peut en donner une idée exacte sans le secours des figures, et que, de l'autre, notre collègue, M. Mallet l'a décrit avec le plus grand détail dans son savant rapport, inséré dans le Bulletin du mois de février dernier.

Arrache - Pieu.

» De tous les moyens de retirer les pieux enfoncés dans le sol à diverses profondeurs, celui présenté par M. Revillon nous paraît devoir remplir parfaitement son objet.

» Cet arrache-pieu est composé d'une vis placée verticalement, à la tête de laquelle l'auteur a fait l'application d'un volant-balancier circulaire, à percussion. Ce volant est monté librement sur la tête de la vis, de manière qu'on peut le faire tourner sur la vis qui lui sert d'axe, jusqu'au moment où deux mentonnets, fixés près de son centre, viennent frapper contre deux autres mentonnets d'arrêt, fixés sur le corps de la vis, qui tourne dans son écrou par l'effet du choc du balancier. Par ce moyen, on peut faire avancer la vis dans son écrou par autant de coups de balancier qu'il est nécessaire d'en donner pour opérer, sur une boîte coulante adaptée au bout de la vis, une pression contre la résistance qui lui est opposée.

» C'est sur ce principe simple que M. Revillon a établi son pressoir à vis ; mais comme il s'agit ici d'arracher des pieux, nous ferons remarquer qu'au lieu d'une boîte coulante, il suffit d'employer un fort écrou, que la vis traverse et fait monter et descendre, suivant qu'on le fait tourner dans un sens ou dans l'autre ; cet écrou est armé de deux crochets, auxquels s'attache la chaîne fixée à la tête du pieu : il résulte de cette disposition qu'à chaque coup de balancier que reçoit la vis, l'écrou s'élève et tend à élever le pieu. »

On ne parlera pas des autres applications des léviers, elles sont trop nombreuses.

EXPLICATION DES FIGURES

De la planche représentant le nouveau Pressoir de M. Revillon, à double fond, à recouvrement, et à volant-balancier à percussion.

Fig. 1, Élévation latérale du pressoir.

Fig. 2, Plan laissant voir une des parties couverte et l'autre découverte.

Fig. 5, Coupe du pressoir par le milieu de sa longueur.

Fig. 4, Vue de face et de côté d'un des bras du volant, montrant la manière dont les butoirs ou mentonnets y sont fixés.

Fig. 5, La frette qui enveloppe la vis, vue de face.

Les mêmes lettres indiquent les objets dans toutes les figures.

AA, Traverses ou écrous, dans lesquels passe la grande vis.

BB, Deux pièces de bois formant les côtés du pressoir.

C, Mouton ; il doit être garni d'une pièce de fonte du côté de la vis.

D, Cube de bois sur lequel s'appuie le mouton.

E, Plateau poussant devant lui le marc de raisin.

FF, Traverses supportant le fond du pressoir.

GG, Traverses recouvrant le pressoir.

HH, Boulons de fer servant à assembler le fond et le dessus du pressoir.

II, Clavettes au moyen desquelles on consolide tout l'assemblage.

K, Grillages du fond.

LL, Grillages latéraux.

M, Couvercle servant à refermer le marc ; il se divise.

N, Double fond, qui reçoit le jus exprimé.

OO, Pieds portant le pressoir.

P, Traverse qui réunit les pieds.

Q, Grande vis en bois, dont le bout doit être garni d'une pièce de fonte.

R, Volant-balancier à percussion en bois.

sss, Chevilles du volant.

UU, Deux forts mentonnets ou butoirs, fixés au centre du volant, au moyen d'un lien qui les met en prise.

aa, Frette solidement fixée sur la vis Q.

bb, Mentonnets d'arrêt faisant corps avec la frette et contre lesquels viennent frapper les butoirs UU quand on manœuvre le volant.

V, Volant en fonte de fer.

Les butoirs qui sont indiqués pour sortir, à la fente, peuvent être rapportés, les ajustemens sont plus faciles.

X, Vis en fer portant ses deux oreilles.

Z, Écrou en fonte de fer.

Garniture des Vis en bois , en fonte de fer.

Fig. 1, Cette pièce doit être fixée au volant au moyen de quatre boulons. Le trou qui est à son centre est pour recevoir la partie prolongée de la *fig.* 2.

Fig. 2, Cette pièce s'ajuste sur la vis pour recevoir le volant.

Fig. 3, Pièce en fonte de fer qui s'ajuste sur le bout de la vis.

Fig. 4, Crapaudine qui s'ajuste dans le mouton.

Fig. 1, Élévation de la presse.

Fig. 2, Coupe suivant la ligne, vue d'élévation.

Fig. 3, Vue de face et coupe du volant en fonte.

A, Sommier supérieur.

B, Jumelles de la presse maintenues par des boulons et dans des sommiers inférieurs.

C, Plateau supérieur; il est garni d'une crapaudine en fonte, sur laquelle est fixée une pièce en fer servant à enlever le plateau.

D, Plateau inférieur.

E, Sommiers inférieurs.

F, Vis en fer. Elle porte deux butoirs, sur lesquels viennent frapper les mentonnets du volant.

G, Écrou en fonte fixé au sommier supérieur.

H, Volant en fonte ayant au moyeu deux mentonnets frappant sur les butoirs de la vis.

I, Chevilles en fer fixées au volant et avec lesquelles on le fait manœuvrer. On peut tenir ces chevilles très longues pour faciliter la manœuvre lorsque la presse est élevée.

Explication des figures de la Planche 549.

Fig. 1, La machine à battre les pieux, destinée à remplacer la sonnette à déclic, vue en élévation latérale.

Fig. 2, La même, vue par devant.

Fig. 3, Plan, vu en dessus.

Fig. 4, Lévier coudé, libre sur l'excentrique.

Fig. 5, Lévier droit, conduisant le lévier précédent.

Fig. 6, Lévier coudé, servant à diriger et conduire la corde.

Fig. 7, Tambour armé de son rochet, vu de face et de profil.

Fig. 8, Excentrique, vu de profil et en coupe.

Fig. 9, Élévation latérale de la machine servant en remplacement de la sonnette à tiraude.

Fig. 10, La même, vue de face.

Fig. 11, Plan, vu en dessus.

Fig. 12, Lévier conduisant la corde, vu de face et en dessus.

Fig. 13, Excentrique, vu de profil et en coupe.

Fig. 14, Tambour armé de son rochet, vu de profil et de face.

Les lettres capitales désignent les différentes pièces de la sonnette à déclic et les lettres primes celles de la sonnette à tirande.

A A, cage ou bâtis, dans lequel est établi le mécanisme de la sonnette à déclic; B, arbre moteur; C C, manivelles; D, pignon monté sur l'arbre B; E, roue dentée, menée par le pignon précédent; F, pignon fixé sur l'axe de cette roue; G, autre roue dentée, dans laquelle engrène ce pignon; H, axe de la roue F; I, grande roue dentée, libre sur cet axe; K, pignon fixé sur l'arbre M; L, grande poulie libre sur cet arbre, et qui reçoit la corde, laquelle s'enroule d'un ou de plusieurs tours, suivant la hauteur d'où le mouton doit descendre; M, arbre transversal portant la grande poulie; N, tambour libre sur cet arbre et recevant la quantité de corde nécessaire pour fournir à l'enfoncement du pieu; O, corde; P, rochet faisant corps avec le tambour; Q, lévier coudé, fixé sur l'arbre M, et servant à diriger et conduire la corde; R, doigt fixé sur la roue dentée I, et formant arrêt avec la pièce Q; S, excentrique libre sur l'axe H, et fixé contre le bâtis par deux vis; T, lévier libre sur l'excentrique; le coude de ce lévier tra-

verse la roue I de manière à devenir solidaire
avec cette roue; U, doigt fixé sur l'arbre H, et
conduisant le lévier précédent; V, rochet qui
empêche le retour de l'arbre B; X, traverse antérieure du bâtis.

a, cliquet fixé sur le lévier Q, et qui engrène
dans le rochet P; *b*, tête godronnée de l'excentrique S; *c c*, vis au moyen desquelles l'excentrique est fixé contre le bâtis A.

A' A', cage ou bâtis de la sonnette à tirande;
B', arbre moteur; C', pignon fixé sur cet arbre;
D', roue dentée, menée par le pignon précédent; E', grande roue dentée, commandée par
la roue D'; F', axe de la roue E'; G', poulie libre sur cet axe; H', tambour également libre sur
l'axe F'; I', corde enroulée sur ce tambour et
passant sur la poulie G'; K', lévier fixé sur
l'axe F'; L', lévier coudé conduisant la corde;
M', rochet faisant corps avec le tambour H'; N',
pièce d'arrêt du lévier L'; O', excentrique; P',
traverse antérieure du bâtis.

a', cliquet du lévier L'; *b'*, tête godronnée de
l'excentrique; *c' c'*, vis qui fixent l'excentrique
contre le bâtis.

Manœuvre de la sonnette à déclic. — En appliquant deux hommes aux manivelles C C, *fig*. 5,
on imprime le mouvement à l'arbre moteur

B, et par suite du système d'engrenage D E F G ,
avec une vitesse proportionnée au nombre des
dents des roues et des pignons. L'arbre H fait
tourner le doigt U, qui y est fixé, et cette pièce
entraîne dans son mouvement le lévier coudé T
et la roue dentée I, laquelle, comme nous l'a-
vons dit plus haut , est libre sur l'arbre H. Cette
roue commande le pignon K, qui tourne avec
l'axe M en même temps que le lévier coudé Q,
lequel enroule la corde O, sur la poulie L, d'un
ou de plusieurs tours , suivant l'exigence du cas.
De cette manière, le mouton est élevé à la hauteur convenable : pour le faire retomber, on
continue de tourner; et comme le lévier coudé
T est monté sur un excentrique, il arrive qu'a-
près une révolution de la roue I, le doigt U ne
se trouve plus en prise et échappe : alors le poids
du mouton, abandonné à lui-même , fait rétrograder le pignon K, la roue I et le lévier Q, et
déroule la corde sur la poulie L, qui tourne sur
l'axe M; mais comme à chaque coup le pieu s'enfonce d'une certaine profondeur, il est nécessaire de fournir au mouton une longueur de
corde supplémentaire, proportionnée au degré
d'enfoncement. Cette portion de corde est en-
veloppée sur le tambour N : pour la développer,
le doigt R, fixé sur la roue I, rencontre à chaque

révolution le cliquet *a* du lévier Q, et le dégage des dents du rochet P, qui devient libre ; aussitôt le poids du mouton fait tourner le tambour N, qui déroule la longueur de corde nécessaire.

Lorsqu'on élève de nouveau le mouton, le doigt R se remet en prise et aide à entraîner le lévier Q.

Pour rendre variable la hauteur à laquelle on élève le mouton, M. Revillon dévisse l'excentrique S et le fait tourner par son bord godronné *b* jusqu'au point convenable, où on l'arrête par les vis *cc*.

On peut aussi multiplier les coups de mouton en raison de la hauteur à laquelle il doit être élevé : pour cet effet, on fixe sur l'arbre H plusieurs doigts et léviers semblables à celui U ; on conçoit qu'alors le mouton frappera après chaque demie ou quart de la révolution de la roue I.

Manœuvre de la sonnette à tiraude. — Cette manœuvre est la même que pour la machine précédente, avec la différence qu'un seul homme, appliqué à la manivelle Q', suffit pour faire tourner l'abre B, et par suite les engrenages C'D'E', et le lévier K', fixé sur l'arbre F' : ce lévier entraîne le lévier coudé L', mobile sur l'ex-

centrique O', et qui enroule la corde l' sur les $\frac{3}{4}$
de la circonférence de la poulie G'; de cette manière, le mouton se trouve élevé à une hauteur
moindre, cependant, qu'avec la machine précédente. Pour le faire retomber, on continue
de tourner, et comme après les trois quarts de la
révolution de la poulie, le lévier porte-corde L'
ne se trouve plus en prise avec celui K', à cause
de l'excentrique sur lequel il est monté, il s'é-
chappe; aussitôt le poids du mouton entraîne
ce lévier et fait dérouler la corde. La longueur
additionnelle de corde nécessaire pour subvenir
au degré d'enfoncement du pieu est fournie par
le tambour H', lorsqu'il est devenu libre par le
dégagement du rochet M', qui retenait le cliquet a', lequel est pressé par la pièce N'.

INSTRUCTION
POUR LA CESSION DES DÉPARTEMENS.

Les cessions se font par acte sous seing privé, que l'on désigne sous le nom d'*Association en participation*. Cette manière de traiter est conforme aux lois, et nous dispense des frais coûteux d'un acte passé pardevant notaire ; car toute cession devant être notariée, d'après les lois sur les brevets, devrait encore être enregistrée aux préfectures, qui prélèveraient un droit, indépendamment du droit ordinaire d'enregistrement. Par une association en participation, on évite ces grands frais, et l'on met les traitans et surtout les sous-traitans à l'abri de beaucoup d'inconvéniens : il suit de là que ces actes d'association en participation ne sont que des doubles faits entre nous, qui n'entraînent à aucune dépense, et qui sont, comme s'ils étaient notariés, également obligatoires pour les parties contractantes ; cependant nous ne sommes associés que par le droit que je cède. Comme ce droit n'est pas une mise de fonds, nous ne sommes pas personnellement responsables l'un envers l'autre des résultats défavorables qui pourraient survenir à l'un de nous deux.

Je cède, soit un département, soit un arrondissement, pour toutes les applications du lévier à percussion à toute espèce de machines, excepté l'appareil pour l'extraction de la mélasse des sucres bruts, et celui destiné à l'arrachement des pieux et autres objets dans les ports de mer royaux.

Les bénéfices résultant de la fabrication et de la vente des pressoirs et du moteur appliqué à divers objets de mécanique, ceux ci-dessus exceptés, appartiendront sans partage au concessionnaire, qui les fabriquera ou les fera fabriquer. Je me réserve seulement le prix désigné sous le nom de *Droit de licence*, que le concessionnaire ou le sous - traitant fera payer au propriétaire devenu acquéreur d'une presse ou pressoir ou moteur. Le concessionnaire principal se retiendra le cinquième de ce droit pour se dédommager des frais de publication qu'il s'engage de faire dans son département, afin de faire connaître les avantages de l'adoption de mon lévier à percussion; et tant les résultats déjà obtenus, que ceux que pourront encore obtenir ceux qui en auront fait usage. Il tiendra à la disposition de la Société Th. Revillon les quatre autres cinquièmes.

Pour garantir l'exécution de ces engagemens contractés par le concessionnaire à qui l'on cède de si grands avantages, celui-ci comptera, au moment de la signature de l'acte de cession, une somme proportionnée à l'importance du département, laquelle somme sera à compte sur les licences.

Comme dans cette entreprise, la Compagnie Revillon a principalement en vue l'intérêt de l'agriculture, elle engage le concessionnaire principal d'avoir des sous-traitans dans les chefs-lieux de canton, et même dans les communes populeuses, afin de mettre les acheteurs de pressoirs à l'abri des frais que peut occasioner le transport de ces lourdes machines, si elles étaient fabriquées loin des lieux où elles doivent être mises en usage. Plus le nombre de sous-traitans sera grand, plus le concessionnaire principal aura de facilité à rentrer dans les fonds qu'il aura fournis à la Compagnie Revillon ; car il est utile au succès de l'entreprise que chaque concessionnaire exige de chaque sous-traitant qu'il prenne un nombre de licences en avance proportionné à l'importance de l'arrondissement, du canton ou de la commune qu'il aura cédé : ainsi le concessionnaire principal rentre dans les fonds qu'il a avancés à la Compagnie ; et le sous-traitant, pour rentrer promp-

tement dans les siens, se trouve dans l'obligation de propager avec célérité ce nouveau système de pressoirs.

La même marche est commune à toutes les
branches d'industrie.

Pour éviter au concessionnaire et aux sous-
traitans les frais et les embarras d'un acte de
cession pardevant notaires, on leur en remettra,
s'ils le désirent, un modèle qui, en établissant
leurs intérêts réciproques, ne leur laissera d'autre travail que celui de remplir les blancs :
cette manière de procéder, étant uniforme dans
tous les départemens, simplifiera tous les travaux d'administration, d'où résulteront de
grands avantages pour tous.

Prix des licences d'après le diamètre des vis.

VIS EN FER.

Du diamètre de 6 pouces . . . . . 200 francs.
— 5 $\frac{1}{2}$ 150
— 5 120
— 4 $\frac{1}{2}$ 100
— 4 85
— 3 $\frac{1}{2}$ 75
— 3 60
— 2 $\frac{1}{2}$ 50
— 2 40
— 1 $\frac{1}{2}$ 30

VIS EN BOIS.

Du diamètre de 12 pouces . . . . . 70 francs.
—   11 65
—   10 60
—   9 55
—   8 50
—   7 45
—   6 40
—   5 35
—   4 30

Aucun moteur, presse ou pressoir ne peut être livré au public, s'il n'est revêtu d'une plaque portant le même numéro d'ordre que la licence qui seule donne le droit de s'en servir.

Les personnes qui voudront se procurer des machines, presses, pressoirs, ainsi que toutes les applications du lévier excentrique, ou obtenir des licences, pourront s'adresser au concessionnaire de leur département ou de leur arrondissement ; et pour les renseignemens, à Paris, à M. Th. Revillon *et Compagnie, rue Neuve-Sainte-Geneviève, n°. 22, et à Mâcon, atelier* Brocard, *quai du Midi.*

Les concessionnaires et les propriétaires même qui désireront des presses ou des pressoirs pourront s'adresser, pour les vis en fer de 3 pouces et au dessous, à M. Beugé, rue des

Vieux-Augustins, n°°. 62 et 64; et pour les vis en fer de 3 pouces ½ et au dessus, à M. Farcot, rue Neuve-Sainte-Geneviève, n°. 22, lequel est également chargé de la confection des vis en bois de toute dimension et de toutes les applications du lévier excentrique : ces Messieurs, à qui j'ai cédé mon droit, sont tous deux ingénieurs-mécaniciens à Paris ; et pour ce qui concerne les applications, on s'adressera à M. Revillon et Compagnie, à Mâcon, et à Paris, rue Neuve-Sainte-Geneviève, n°. 22.

Toutes les lettres devront être affranchies, à peine de refus.

FIN.

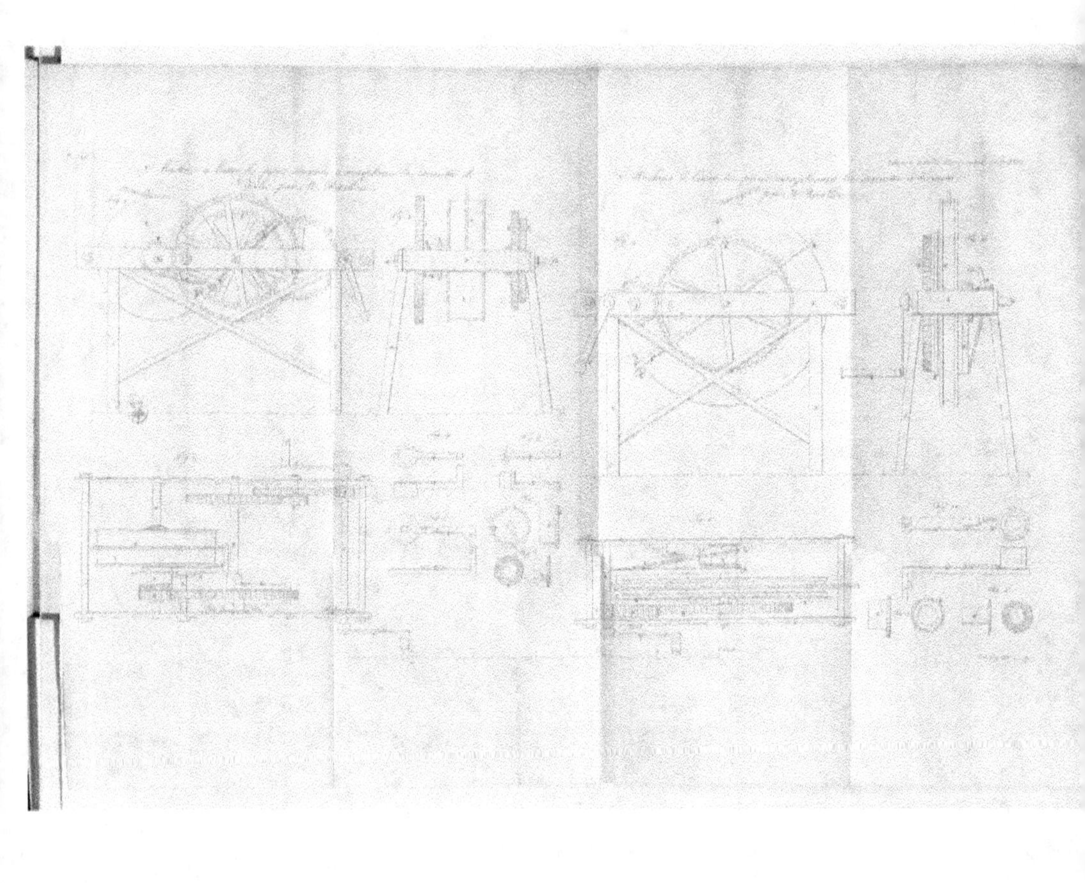

5 pieds

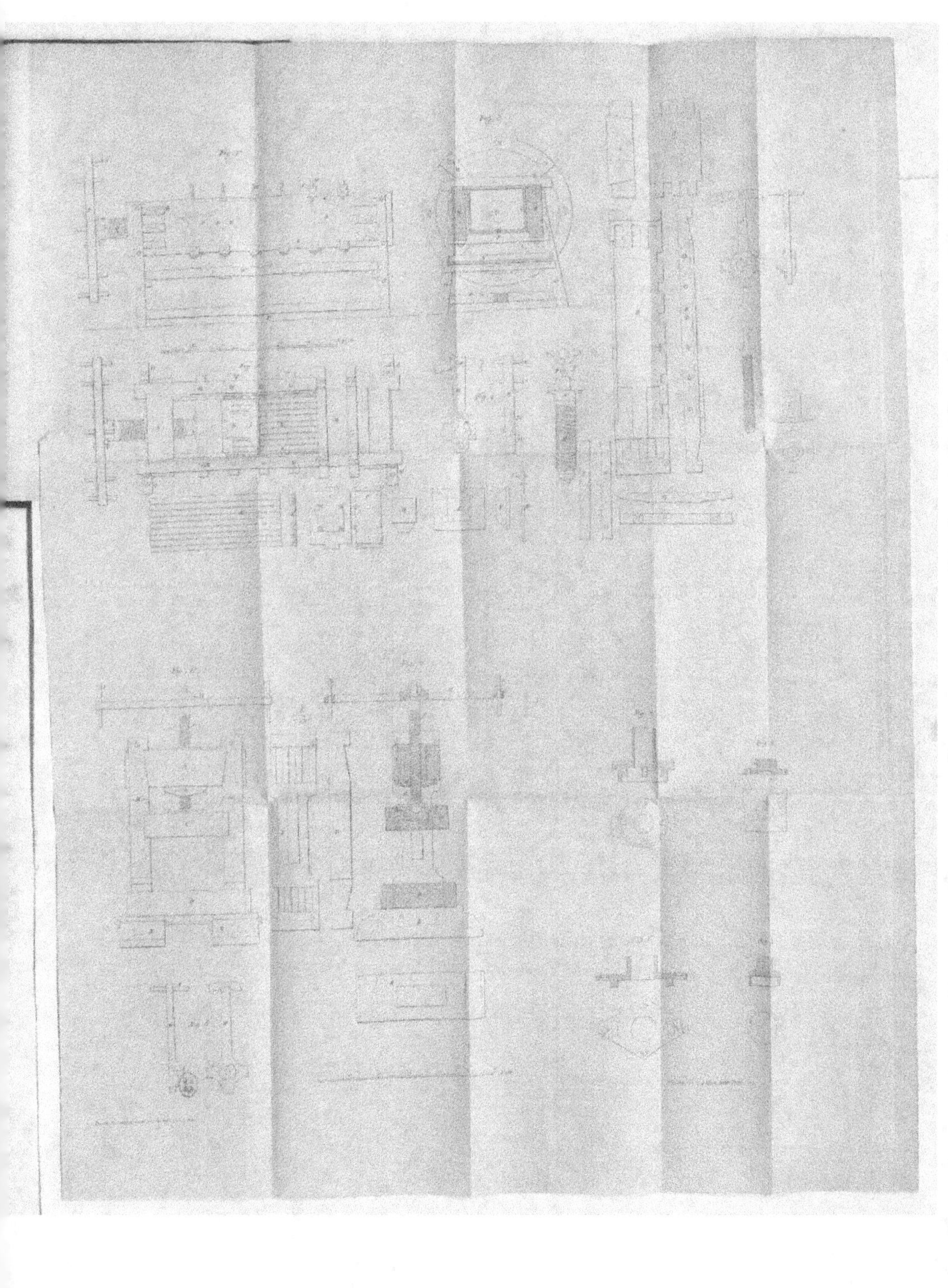

www.ingramcontent.com/pod-product-compliance
Lightning Source LLC
LaVergne TN
LVHW021745060726
842528LV00003B/797